科考有疆

KEKAO YOUJIANG

主编 秦奎伟

北京理工大学出版社

BEIJING INSTITUTE OF TECHNOLOGY PRESS

图书在版编目（CIP）数据

科考有疆 / 秦奎伟主编 . — 北京 ： 北京理工大学
出版社，2021. 3
ISBN 978 - 7 - 5682 - 9663 - 2

Ⅰ . ①科… Ⅱ . ①秦… Ⅲ . ①生态环境 – 科学考察 –
新疆 Ⅳ . ①X171.1

中国版本图书馆 CIP 数据核字（2021）第055318号

出版发行 / 北京理工大学出版社有限责任公司
社　　址 / 北京市海淀区中关村南大街 5 号
邮　　编 /100081
电　　话 /（010）68914775（办公室）
　　　　　（010）82562903（教材售后服务热线）
　　　　　（010）68944723（其他图书服务热线）
网　　址 /http ://www.bitpress.com.cn
经　　销 / 全国各地新华书店
印　　刷 / 三河市华骏印务包装有限公司
开　　本 /710 毫米 × 1000 毫米　1/16
印　　张 /13
字　　数 /206 千字
版　　次 /2021 年 3 月第 1 版　2021 年 3 月第 1 次印刷
定　　价 /82.00 元

责任编辑 / 刘　派
文案编辑 / 李丁一
责任校对 / 周瑞红
责任印制 / 李志强

科考有疆

编委会

前　言

随着我国经济的高速发展，资源枯竭、环境污染、水土流失、土地荒漠化等一系列生态环境问题日益严峻，生态赤字在一定程度逐渐扩大，聚焦生态环境改善，提升全民环境保护意识迫在眉睫。党的十九大报告指出，建设生态文明是中华民族永续发展的千年大计，要大力度推进生态文明建设，加快生态文明体制改革，要把我国建成富强民主文明和谐美丽的社会主义现代化强国。2018年，习近平总书记在全国生态环境保护大会上强调，生态文明建设是关系中华民族永续发展的根本大计。党的十九届四中全会着重研究并做出坚持和完善生态文明制度体系，促进人与自然和谐共生的决定。只有全力推进生态保护，才能实现生态文明，中国的经济社会可持续发展才能得到保障。

大学生社会实践是大学生思想政治教育的有效形式和途径，能够引导青年学生走出校园，接触国情社会，增强责任意识，使学生在实践中"受教育、长才干、做贡献"。自2004年以来，北京理工大学生命学院开展了以"探索自然，服务社会，感受文化，孕育创新"为宗旨的系列生态科考实践活动，十余年来科考队员的足迹遍布祖国的大河湿地、西北戈壁、沙漠绿洲和热带雨林，也曾远赴加拿大和俄罗斯开展国外生态考察，生态科考已经成为一种精神，而这种精神必将继续传承，激励无数的莘莘学子参与其中，让更多的人能够为我国生态文明建设贡献自己的力量。

2018年8月，北京理工大学生态科考新疆队秉承着14年的科考优良传统，再次出发。由3名指导老师、11名本科生及研究生组成生态科考队，在新疆开展生态科考实践。8月9日至14日，生态科考团以"美丽中国环保科普行动"为主题，针对新疆境内胡杨林的育种建设，塔里木河流域生态，瓜果种植以及农、林业发展等相关课题进行科考调查。

　　短暂的7天生态科考时间里，科考队员们的足迹遍及库尔勒、石河子等四个地点，总计行程7000多千米，紧张的行程里完成生态科考任务的同时，科考队员之间也建立了深厚的科考友谊，学会了团队之间的协作配合；在生态科考过程中，科考队员们总共采集水样、土样100余份，并通过现场或实验室相关测定分析，获得大量的生态科考数据，最终整理成生态科考文章。生态科考路途的绿洲沙漠、塔河风景，以及不屈的塔河卫士等，都给科考队员们留下了深刻的印象。此外，科考队员还走访了当地管理部门以及一线的塔里木河管理站的工作人员，咨询了当地的水土保护、农业发展、脱贫攻坚等问题，工作人员认真工作的态度以及保护塔河的牺牲精神深深感染了所有科考队员。新疆兵团军垦博物馆、军垦第一连的勃勃生机以及石河子的当地美景更是让科考队员们见证了老一代兵团人"戈壁滩上建花园"的壮举，激励同学们学习革命先辈不畏艰辛、勇往直前的建设精神，励志日后要为中国的发展贡献自己的力量。

　　本书由北京理工大学睿信书院团委书记秦奎伟任主编，负责本书的策划和统稿；睿信书院副院长张宏亮、北京理工大学生命学院副教授赵东旭、生命学院辅导员刘奇奇任副主编。王迪、王可欣、马小岚、申大为、代佳欢、史毅然、李冰、李田田、李伟倩、李家琪、何芮、汪涵泽、张琼文、阿曼姑丽、郝易烜、唐晓、舒晴、童薪宇为编委。生态科考队的11位队员，为本书的编写提供了大量而丰富、生动而翔实的素材，以及科考的真实记录和深刻的感悟，从而为本书增添了引人入胜的色彩，提高了本书的科学性、趣味性和可读性。

　　本书详细记录了北京理工大学生态科考新疆队此次科考实践与科考感悟，以此致敬默默奉献在边疆一线的生态工作者，以期唤起人们对生态环境保护的重视。此外，本书还收录了此次生态科考的成果文章，希望能为当地农林业发展建言献策，助力当地的生态环境治理与保护。同时，可为生态科考爱好者进行科学考察提供借鉴和参考。

编　者

2021年2月

Contents 目录

科考成果篇

Chapter 01

第一章

科考实录篇

引　言

　　从2004年北京理工大学生态科考团（简称生态科考队）第一次踏上探寻自然的道路起，到2018年已经是第14个年头。2018年夏天，北京理工大学生态科考队的科考队员们带着对美丽西域的憧憬，奔赴新疆进行为期一周的科考活动。

　　千年古道随流水，万亩沙土变绿洲，这样的塔里木河注定给科考队员们留下深刻的印象。从库尔勒、乌鲁木齐到石河子市，夏日新疆神秘婉妙的魅力吸引着科考队员们去实践去探索。顶着炎炎烈日登上龙山，实地考察库尔勒人工胡杨林里水土资源的巧妙利用；或是走进沙依东园艺场感受百里梨乡与时俱进的种植技术；或是沿着干流领略塔里木河的温润包容，以及绿洲、沙漠、美丽的塔河，红柳、芦苇、不屈的胡杨，如此等等都是科考队员们永远不会忘记的美好回忆。

　　平凡重复着平凡，简单中再现简单，每一个竭尽全力让这片土地变得越来越好的守护者们必定被每一个科考队员铭记在心；细心倾听巴音郭楞蒙古族自治州（简称巴州）水利局和库尔勒市林业局相关领导对当地生态现状的讲解，了解水资源的管理和利用、干旱地区的林业生态发展、退耕还林以及加强防护林、经济林等生态建设的难度；欣喜从塔里木河干流管理局得知越来越好的塔河现状；在与石河子市农林牧局专业人员的交谈中，认真了解节水农垦措施、覆膜滴灌技术的发展和应用；结合自身所学，在中国科学院生态与地理研究所绿洲生态与荒漠环境实验室学习塔里木河干流流域胡杨林生长繁殖，塔河生态恢复和滴灌种植技术等研究内容。科考队员们在这一次次的座谈中一步步提高自身对于生态乃至社会的认知，扩大视野，逐步建立起生态观和大局观，获益匪浅。

　　悠悠塔河，沿河走过，我们看到了不只是这里胡杨苗壮、牛羊成群的美好生态，更是一代代守护人的默默无闻，感受寂寞的责任和执着：青年担当，是塔河干流各个管理站站长用青春的优秀守卫，热血男儿，守护一方净土；默默坚守，是老一代兵团人在寂静荒凉中的日复一日，执行任务，广阔静谧诉说着这里的遥远；坚毅无畏，是护林员们为了更好的生态环境，在寂静中的与胡杨做伴。悠悠塔河，静静流淌，向日胡杨，坚韧挺拔，无论是烈日灼灼，还是风雪交加，守护者们依然坚守在这里，日复一日，年复一年，没有功名利禄，没有城市喧嚣，饱含对这片土地的热爱，对一片绿色的执着，在寂静中用自己的青春陪伴塔河水缓缓流淌。

一周的科考虽然短暂，但是生态科考队取得了丰硕的成果，科考队员们共同经历了各种困难与挑战，也建立了深厚的科考友谊，增强了服务国家自觉主动性，也切实践行了生态科考"探索自然，服务社会，感受文化，孕育创新"的宗旨。科考队员们在生态科考中表现出来的"青年服务国家"的责任感和使命感，立志成为"胸怀壮志，明德精工，创新包容，时代担当"的崇高追求，以及"团结、紧张、求真、力行"的精神将成为一笔宝贵财富激励着整个生态科考队一路向前！

1.1／朝气蓬勃　探寻西域风华

　　磨炼坚韧意志，应用广博知识，追寻报国梦想，建设美丽中国。

　　自2004年起，北京理工大学生命学院生态科考队以"探索自然，服务社会，感受文化，孕育创新"为实践主题，以促进大学生群体思想成长和素质提升为目标开展生态科考活动，在祖国各地留下了生态科考足迹。2018年8月7日，生态科考队整装待发，以"美丽中国环保科普行动"为主题，针对胡杨林的育种建设，塔里木河流域生态、农业、林业发展，瓜果种植和城市生态等相关课题，在新疆维吾尔自治区的乌鲁木齐市和库尔勒市的塔里木河流域开展为期一周的科考活动（图1-1）。

图1-1　科考队员在北京理工大学校门口合影

　　8月7日上午10时，生态科考队在北京理工大学中关村校区5号楼712会议室举行发团仪式暨动员大会。北京理工大学生命学院党委副书记刘晓俏、副教授赵东旭、带队辅导员刘奇奇出席会议。

在发团仪式上，科考队队长王迪详细介绍了此次生态科考的整体流程和注意事项。随后，科考队员对各自课题的准备情况进行了汇报。刘晓俏和赵东旭对汇报内容进行了详细的梳理与指导，一方面肯定了科考队的前期准备工作；另一方面对各课题提出了有关建议。刘晓俏对全体队员提出三点要求：一是要知行合一，着重强调前期准备的重要性；二是要求课题精细准确，细节思考完善；三是要注重团队合作，互相帮助。刘奇奇随后补充了生态科考过程中的细节问题以及安全和纪律（图1-2）。

会议最后，刘晓俏动员全体科考队员在此次生态科考之行中响应"青年服务国家"号召，认真思考，踏实研究，在完成预计的课题任务的同时，服务国家和社会，为建设美丽中国做一份贡献。

图1-2　科考队员在出发前的发团仪式

8月7日下午，全体科考队员踏上了前往库尔勒的火车。科考队员们充分利用时间，在火车上认真讨论，查阅资料，丰富自己的课题。除此之外，科考队员们还在火车上进行了简单的问卷调查，为接下来的课题开展打下了一定的基础。经过两天的路程，全体科考队员于8月9日中午安全抵达库尔勒

图1-3 科考队员在火车上进行走访调研

市（图1-3）。

为了解干旱地区林业生态发展现状，生态科考队全体队员前往巴州水利局进行了座谈调研（图1-4）。

在座谈会上，北京理工大学生命学院党委书记刘存福首先简要介绍了北京理工大学的情况，并就科考团的来访人员、走访目的及"美丽中国环保科普行动"科考课题做了详细的介绍。巴州水利局局长张振良代表巴州水利局向全体科考队员的到来表示了热烈欢迎。随后，巴州水利局水政科崔科长从基本概况、水资源管理制度建设和落实情况、2018年生态输水情况和目前存在的问题等方面向各位科考队员介绍巴州水资源管理工作情况。

图1-4 科考队员在巴州水利局走访调研

座谈会的最后，科考队员马小岚针对自己的课题提出相应问题，巴州水利局局长张振良——做出解答。张局长表示，巴州现在依旧需要节约农业用水，减少工业用水，才能调动更多的水资源参与生态建设。

晚上，生态科考队队长王迪组织召开了例会。科考队员们在赵东旭老师的指导下对课题进行了讨论，随后，刘存福书记提出：一要高度认识科考的主题意义——以科研行动服务美丽中国建设；二要以一流标准做好工作，今日事今日毕，树立一流的大学形象；三要打造团队团结向上、自信积极的一流文化；四要注意安全，尊重当地民俗文化，保障个人饮食和财产安全。在队员们规划筹备好接下来的生态科考行程后，刘奇奇辅导员做了简单的指导，保证生态科考有序高效开展（图1-5）。

图1-5　生态科考队每日总结例会

朝阳彩案碧水流韵，向日胡杨金沙送香。科考伊始，行程紧凑丰富，但是科考队员们努力克服困难，始终保持高昂的科考热情，完美翻开了生态科考的美丽篇章。生态科考队也将继续勇往直前，去探索这片广袤而又神奇的土地。

队员说

　　今天是队伍出发的第一天，经过大家前期的细致准备，我们将就"美丽中国环保科普行动"主题在新疆进行实地采样和走访调研。纸上得来终觉浅，遥知此事要躬行。要将我们所学的知识与新疆当地的发展结合起来，去了解这个时代背景下国家真正的需求，才能肩负起作为国家青年的担当。

——科考队员生命学院2016级本科生　王　迪

队员说

　　科考的第一天，在我们还未进入新疆境内的时候，我们就已经学到了不少的东西。早上开会的时候刘晓俏书记说，尽管前往新疆需要约四十小时的行程，条件不算很好，然而这也是一种历练，是一个对科研人员艰辛的体验。正如习近平总书记说过的：青年选择吃苦也就选择了收获，选择了奉献也就选择了高尚。我们这一趟就是要学会吃苦，同时树立高远的理想，真正地做到青年服务国家。

——科考队员生命学院2016级本科生　王可欣

1.2 / 长饮塔河水　梨城惹人醉

　　金红色彩泛香氛，百里梨乡醉倒人。生态科考的第二天，北京理工大学生态科考队来到了梨城库尔勒市。

　　8月10日上午，生态科考队与库尔勒市塔里木河流域干流管理局（简称塔管局）共同进行座谈调研，北京理工大学生命学院党委书记刘存福、副教授赵东旭、辅导员刘奇奇、塔里木河流域干流管理局局长艾克热木阿布拉、水量调度信息科科长李丽君、副科长陈长青以及全体科考队员出席会议（图1-6）。

图1-6　科考队员与塔里木河流域干流管理局工作人员合影

　　在座谈会上，刘存福书记首先介绍了生态科考队的来访人员及走访目的，对今年的"美丽中国环保科普行动"生态科考主题做了详细的介绍，并强调生态科考的三点意义：一是生态科考服务国家，科考的成果最终将化为

建设社会的一份力量；二是培养学生的科学精神，在生态科考中磨炼自我；三是为同学们提供接触和了解社会的机会，为未来更好地融入社会打下坚实的基础。随后，艾克热木阿布拉局长介绍了塔里木河流域生态输水、周边生态恢复情况以及面临的问题（图1-7）。

　　了解到塔里木河流域的基本现状后，科考队员张琼文提出了有关生态输水方面的问题，艾克热木阿布拉局长做了详细解答。会后，与会人员一起观看了塔里木河流域干流管理局的宣传视频，进一步了解了塔里木河干流的管理工作、运行情况及塔河现况。塔河生态恢复不易，一群人齐心协力护塔河更是值得尊敬！

图1-7　科考队员在塔管局进行座谈调研

　　艾克热木阿布拉局长表示，塔里木河流域生态治理是综合性问题，需要从多方面考虑，只有各部门通力合作，才能共同促进塔里木河流域生态向好发展。此外，艾克热木阿布拉局长十分重视此次生态科考的活动，肯定了团队实地科考、关注生态的重要意义，在了解到团队次日将前往轮台胡杨林后，艾克热木阿布拉局长为科考队员们设计了一条独特且十分具有意义的路线，大家都十分欣喜，对此表示感谢。

为了调研库尔勒市林业发展现况，生态科考队赴库尔勒市林业局与林业局局长张义智、资源办干部贾永倩进行了座谈。刘存福书记介绍了生态科考队的来访人员及走访目的和意义后，张义智局长对库尔勒市的概况、历史与发展现状作了简要说明，并围绕生态建设方面，对库尔勒市防护林与经济林现状以及林区维护情况进行了详细描述（图1-8）。

图1-8　科考队员在库尔勒市林业局合影

张义智局长认真仔细地解答了科考队员的问题并表示，库尔勒市的林业发展与保护对当地经济等各方面发展至关重要，目前退耕还林的工作仍在持续进行，库尔勒市林业局也会继续努力加强生态建设。

在张义智局长的邀请下，生态科考队前往龙山库尔勒人工胡杨保护林进行了实地考察（图1-9）。林区管理人员介绍了林区的基本建设情况，如胡杨林的生长情况、管理情况、荒山胡杨林喷灌装置等，科考队员在认真听讲后选取合适地点进行土样采集和胡杨叶片采集，为课题实验的顺利展开夯实基础。盐碱化的土地大大增加了采样难度，让科考队员们深刻地体会到了胡杨林种植的不易，这也更加坚定了科考队员们建设美丽中国的决心。

图1-9　科考队员在龙山库尔勒人工胡杨林保护林进行实地考察

　　午后，生态科考队来到沙依东园艺场进行实地考察（图1-10）。沙依东园艺场负责人覃伟铭带领科考队员来到香梨园实地参观，介绍园区的历史与发展现状，重点讲解了沙依东园艺场梨树的树形修剪、土肥水管理以及病虫害防治问题，在场队员们认真记录，受益匪浅。

图1-10　科考队员在沙依东园艺场考察

科考队员李伟倩针对香梨种植技术等细节提出问题，覃伟铭主任在现场做出详细解答。在赵东旭老师的耐心指导和亲自示范下，科考队员王可欣顺利完成了沙依东园艺场的水土采样任务（图1-11）。

图1-11　科考队员在沙依东园艺场考察并进行水土采样

走访结束后，队长王迪组织召开了总结例会。科考队员们结合当天的考察对课题进展进行总结，赵东旭老师认真审阅课题汇报并与科考队员共同讨论分析，为科考队员们遇到的困难提供建议。刘奇奇辅导员对环保宣传工作提出了新思路并获得一致赞同。会议最后，刘存福书记对科考队员提出三点要求：一要认真谋划，细节考虑周全；二要大胆迅速，表现出自己的自信风采；三要提升沟通艺术。队员们认真记录，获益良多（图1-12）。

图1-12　每日总结例会

队员说

　　苍茫戈壁，胡杨屹立生长；绿意梨园，香梨枝头挂满。在走访塔管局林业局，走进人工种植胡杨林林区后，更加感受到在干旱区里养一棵树的不易。十年二十年，一棵棵胡杨在荒山上生长，戈壁荒漠，渐渐有了一点点、一片片绿色的点缀。我们感叹胡杨生命力顽强的同时，也对这些默默无闻的护林人心生敬意。条件艰苦，一代代林业人初心不变，忠守岗位的他们将是我们一直学习的榜样。

——科考队员生命学院2015级本科生　童薪宇

队员说

　　从华北平原到河西走廊，再至库尔勒，我们穿越大半个中国，将祖国的壮丽山河印在脑海；由塔里木河干流管理局至库尔勒香梨园，我们走近这条南疆人民的母亲河以及她孕育出的富饶土地；最让我印象深刻的便是那伫立于沙漠中的人工胡杨林：是怎样一种意志才能在如此的风吹日晒中百折不屈？是怎样一个梦想才能支持一群可爱的人在沙漠种出绿洲？是怎样一种热爱才能让科考人在13年里前赴后继，将足迹遍布祖国的大好河山？我想这应该就是我们每个人的初心吧！不忘初心，我们一直在路上。

——科考队员生命学院2015级本科生　张琼文

1.3 / 胡杨向日　塔河悠扬

彩舟云淡万里行，星河鹭起江似练。千年古道随流水，万亩沙土变绿洲。这样的塔里木河注定给北京理工大学生态科考队的科考队员们留下深刻的印象；平凡重复着平凡，守护者们无私奉献的扎根精神被每一个科考队员铭记在心。

8月11日，在塔里木河流域干流管理局局长艾克热木阿布拉的盛情邀请下，北京理工大学生命学院党委书记刘存福、副教授赵东旭、辅导员刘奇奇以及生态科考队全体队员前往塔里木河干流中游进行了实地考察。

上午11时，生态科考队一行来到了此行的第一站：阿其克塔里木河流域干流管理基站（图1-13）。在与阿其克管理站站长刘强的交流中，科考队员们了解到这样一个仅有5个正式职工和12个临时雇用人员的基站，需要完成的却是200km河道和12万亩耕地这样一个广阔任务区域的日常巡护以及水政、工程管理和水资源分配等任务。虽然艰苦忙碌，但是在刘强站长的心中，这样的守护永远是最有意义的事情（图1-14）。

图1-13　科考队员在阿其克基站合影

图1-14　刘存福书记和阿其克基站站长交流

图1-15　科考队员在塔里木河流域采样

图1-16　塔里木河沿河风景

科考队员们分工合作，在基站工作人员的帮助下顺利地获得了此行第一个采样点的水样和土样（图1-15）。与此同时，科考队员们对刘强站长进行了简单的采访，刘强站长在采访中表示虽然塔河干流管理的工作很累并且也有一定的危险性，但还是会一直坚守在这个光荣的岗位上，也希望有更多的年轻人才带着知识和智慧加入守护者的行列。

溯流而上，沿途塔河壮丽风景相伴；水域宽阔，滋养着一方水土；点点白杨，修饰着一缕生机。红柳草原开阔着队员们胸襟的同时，科考队员们对沙漠中的守护神——胡杨进行了细致的观察记录（图1-16）。

美景伴随中，生态科考队先后抵达了乌斯曼塔里木河流域干流管理基站和英巴扎塔里木河流域干流管理基站。除既定的水土采样任务外，刘存福书记、赵东旭老师、刘奇奇辅导员和全体科考队员与乌斯曼基站站长王粒全、英巴扎基站站长努尔买买提进行了沟通交流。刘存福书记表示，基层的工作生活是很重要的一种锻炼方式，是人生中不可多得的一种财富（图1-17）。

图1-17　刘存福书记和英巴扎基站站长交流

晚上12点，队长王迪组织开展例会。赵东旭老师对汇报的课题进展进行了疑问解答后，针对塔里木河干流中游的所观所想，刘存福书记进行了总结性发言，对全体科考队员提出了三点要求：一要认真总结科考经验，查漏补缺，以一流的标准来设计最终的课题报告；二要学习塔里木河守护者的扎根精神，在最艰苦的基层中才能得到最好的锻炼；三要培养如塔里木河一样广阔博大的胸怀，"读万卷书，行万里路"。面对此情此景，完成在性格、思维等方面的提升，才算是不虚此行。

例会结束后，科考队员对采集的土样和水样进行及时的分析和记录。

队员说

　　行程即将过半，今天在整个塔里木河干流中游的实地考察对我来说是一种全新的体验。对于沿途风光而言，一方面是塔河的壮阔美丽给我带来了蓝天白云、青草绵羊这样画卷般的视觉享受；另一方面是感慨塔河作为母亲河这样的一个不可或缺的地位，仅仅是干流的中游就已经有草原、树林、沙漠等风格完全不同的自然景观。然而，印象最深刻的还是这些坚守在一线的最可爱的人，他们淳朴勤劳，不辞辛苦坚守岗位，这样无私奉献的扎根精神正是我们需要去体会、学习的。

　　　　　　　　　　　　——科考队员生命学院2016级本科生　何　芮

队员说

　　转眼间在科考队度过了三天时光，今天看了不一样的风景，也经历了不一样的旅行。坐在车里看到无边无际的胡杨林，其中有大的也有小的，还可以看到胡杨林的不远处就是沙漠，这让我从心里佩服这片林：长在沙漠附近，却还是那样亭亭玉立，不断为这里防沙固沙。今天，还看到了塔里木河中流区，作为南疆人的母亲河，这条河被保护得越来越好。途中还看到了工作人员，这里的每个枢纽与市区距离都特别远，他们在艰苦的条件下为新疆人默默的付出，让我佩服。短短三天，经历却不少，我看到了新疆人的热情和无私贡献。我们应该学习吃苦耐劳的精神，不虚此行。

　　　　　　　　　　　　——科考队员生命学院2016级本科生　阿曼姑丽

1.4 / 大漠荒颜醉　白雪漫无际

　　大漠荒颜人沉醉，绵沙似雪漫无际。生态科考的第四天，北京理工大学生态科考队来到了塔克拉玛干大沙漠。

　　塔克拉玛干大沙漠位于新疆南疆的塔里木盆地中心，是中国最大的沙漠，也是世界第十大沙漠，同时亦是世界第二大流动沙漠。整个沙漠东西长约1 000km，南北宽约400km，面积达33万km^2。

　　8月12日上午，生态科考队一行乘坐大巴车行进在远近闻名的沙漠公路上。路边的景致不断地变换，从一开始黄绿相间的胡杨林，再到植被数量、种类稀少的荒漠，最后抵达几乎没有植被覆盖的沙漠边缘（图1-18）。赵东

图1-18　沙漠公路及沿途风景

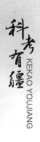

旭老师在大巴车上跟同学们分享了生态的定义，科考队员深受启发。科考队员一边欣赏赞叹着路边的景色，一边进行拍摄和记录。途中，在赵老师的建议下，科考队员在胡杨林公园附近进行叶片采集工作，选取了不同形状的胡杨叶，以备后期的科学研究。

8月12日中午，生态科考队抵达塔克拉玛干大沙漠。漫无边际的黄沙在阳光的照射下呈现出白色的光芒，仿佛一片茫茫无际的皑皑白雪（图1-19）。科考队员首先对沙漠进行直观的认识，远远望去，大小沙丘高低分明，错落有致，层叠交错；近距离观看，荒芜的沙漠分布着零星的植物。通过查阅资料，科考队员们了解到这些低矮灌木的根系深入到十几米甚至几十米的沙土中，汲取着足以维持生命的地下水。科考队员们纷纷表示，即便如此恶劣的条件下，仍然有植物顽强地生存。人在面对困难坎坷时也应该乘风破浪，勇往直前，努力适应当前环境。与此同时，科考队员深入探索，对土样进行采集，结合课题进行分析。

图1-19　科考队员在塔克拉玛干大沙漠

蓝天辽阔，白云朵朵，黄沙漫漫，科考队员深深感受到了塔克拉玛干大沙漠的雄壮与辽阔，队员们感叹道，塔里木河是新疆人的母亲，代表着新疆温婉隽秀的一面，滋养了新疆的芸芸众生，是新疆的血和肉。而塔克拉玛干大沙漠就是新疆人的父亲，是伟岸广博英勇顽强的化身，是新疆的精神内核，是灵魂所在。正是灵魂与肉体的交融使得新疆大地有取之不尽、用之不竭的生命力量。塔克拉玛干大沙漠一行，为科考队员进行了一次心灵的洗礼，丰富了科考队员对生态的认识（图1-20）。

图1-20　科考队员在塔克拉玛干大沙漠合影

一天的考察结束后，生态科考队马不停蹄地踏上奔往下一站的火车。火车上，队长王迪组织召开总结例会。科考队员们结合今天的考察对课题进展进行总结，赵东旭老师认真审阅课题汇报并与科考队员共同讨论分析，为科考队员们遇到的困难提供建议。赵老师对科考队员们提出两点期望：一是无论未来从事何种职业，都要在自己的岗位上兢兢业业，做好本职工作；二是在生态科考的同时要了解当地的历史文化，带着情感去思考。同时，生态科考队对明天的行程进行了梳理和规划。会议中科考队员们认真记录，获益良多（图1-21）。

图1-21　赵东旭老师在火车上做总结

队员说

　　北京，库尔勒，轮台，辗转几天，生态科考已然过半，这么些天，感受着疆土的点滴，日渐觉得这里的确是一片热土，有着一群热心的人，干着需要热情与坚持的事业。这是胡杨林的养护，也是塔克拉玛干大沙漠的巡护。清风袭来，黄沙轻飞，沙漠在叙说着它的故事；点滴汗水，欢声笑语，科考队员们在感受着自然的魅力！因感而发，由感而悟，尽己之力，爱一分自然，护一方生态，科考之路，砥砺前行！

——科考队员生命学院2016级本科生　马小岚

队员说

　　每日紧锣密鼓的行程，忙于宣传的宣传组终于在今天暂时得到了一丝放松。没有采样，没有访谈，沙漠风光成了今日最能让人快乐的东西。踩在沙漠的沙丘上，脚底炙热的高温仿佛能把人煎熟，但我脚不停歇地跑着，踩起一片片的扬沙。沙漠的无边和广阔是如此的让人心潮澎湃啊！赵老师说景色之所以美丽，那是因为其中含有的丰富情怀和内涵。沙漠在我的心里曾是神秘的、危险的，然而如今踩在脚下的沙漠仅仅像一个热情好客的主人。或许，自然本就是好客的，我们要做的，应该是做好一个客人的本分，尊重、敬畏这位胸怀广阔的主人。

——科考队员生命学院2016级本科　生李冰

1.5 / 知识力量　成就生态力量

2018年8月13日，北京理工大学生态科考队顺利抵达乌鲁木齐市，稍做休整后，北京理工大学生命学院副教授赵东旭、生命学院辅导员刘奇奇以及全体队员前往中国科学院生态与地理研究所（简称新疆生地所）绿洲生态与荒漠环境实验室开展学习交流活动（图1-22）。

图1-22　科考队员在中国科学院生态与地理研究所绿洲生态与荒漠环境实验室合影

交流开始前，所里的研究生热情细致地向大家讲解了研究所的工作概况。讲解内容主要以水资源，生态及生态与经济三个方向为主，介绍了对应的研究内容及成果。赵东旭老师表示，习近平总书记说过"绿水青山就是金山银山"，国家对生态环境保护所做的努力有目共睹。而青年正是服务国家，建设社会的有机力量，青年一代应该担当起利用知识力量保护生态环境的重任（图1-23）。

图1-23　研究所的研究生为科考队员讲解研究所的工作概况

　　中国科学院新疆生地所的朱老师、王老师及北京理工大学生态科考队全体成员出席报告会议。会上，赵东旭老师首先向对方介绍了生态科考队的意义及科考目的。而后，朱老师就塔里木河干流流域胡杨生长状况、繁殖方式、塔河生态恢复等研究内容进行汇报。王老师则重点介绍了滴灌种植技术的发展要点等情况。科考队员们认真听讲，详细记录，收获颇丰（图1-24）。

图1-24　中国科学院新疆生地所朱老师在座谈会上讲解

　　学术交流结束后，赵东旭老师做出总结：对于生态环境，我们要有两点意识：一是养育，一方水土养育一方人，河流的作用是不可忽视的，所以更应该懂得感激，尽心尽力去保护母亲河；二是平衡，无论何时都要注重平衡发展，不管是水资源分配中农业灌溉和生态输水之间的平衡还是经济发展与环境保护之间的平衡，都是需要去认真权衡的，把握好尺度才能拥有更美好的未来。

　　此次中国科学院生态与地理研究所绿洲生态与荒漠环境实验室之行，让科考队员们对各自课题的理解更加深入，同时更坚定了队员们在生态环境保护的道路上继续前行，不断成长的信念（图1-25）。

图1-25　科考队员在新疆生地所合影

晚上的例会由队长王迪组织召开，队员们对各自的课题进行了梳理，共同讨论目前的困难，并确定了接下来的行程安排。例会最后，队长王迪进行总结动员：科考的过程是艰辛的，但是纸上得来终觉浅，绝知此事要躬行。科考是一个了解这个时代背景下国家真正的需求的过程，每一个科考队员都应该认真体悟科考，肩负起作为国家青年的担当。

队员说

　　在中国科学院新疆生态与地理研究所，我见证了扎根边疆献身科学的一大批优秀科研工作者的风采。他们将青春和汗水献给了壮美的胡杨林，守护着广阔的棉田和茫茫戈壁荒滩，令人敬佩，值得我们学习。中国生态保护曲折灿烂，是一幅生动的立体巨画，在新疆的我们冒昧地凝视着这幅画嫩绿的底色和初稿，那笔触虽然稚嫩但是坚定异常。

　　　　　　　　——科考队员信息与电子学院2016级本科生　郝易烜

队员说

　　一路的奔波，我们怀揣梦想；一心的朝圣，行进在中国科学院新疆生态与地理研究所上。瞻仰着硕果累累的展板，仿若聆听先贤的谆谆教诲；倾听着朱研究员的娓娓诉谈，好似行进在历史的海洋。一场畅快淋漓的座谈，我们了解了胡杨，了解了塔里木、塔克拉玛干，也了解了新疆；一次对于知识的朝圣，我们瞻仰了过去，明确了现在，也明悟了未来。对历史潮流的警惕与对当下成果的敬意，让我们对未来充满希望。披荆斩棘，历尽沧桑，吾心归处，即是吾乡。

——科考队员生命学院2017级本科生　汪涵泽

1.6 / 感受新城风貌　领略军垦文化

　　8月14日上午，生态科考队与新疆生产建设兵团第八师石河子市农林牧局共同进行座谈调研，北京理工大学生命学院党委书记刘存福、副教授赵东旭、辅导员刘奇奇，第八师石河子市农林牧局调研员张菊红及农林牧局与水利局有关干部和全体科考队员出席会议（图1-26）。

图1-26　生态科考队与第八师石河子市农林牧局共同进行座谈调研

　　张菊红调研员首先对北京理工大学生态科考队的到访表示欢迎；随后张菊红调研员简要介绍了石河子市农垦基本情况、农作物种植基本情况和农业种植发展计划（图1-27）。

图1-27　张菊红调研员在座谈会上发言

图1-28　刘存福书记在座谈会上发言

座谈会上，刘存福书记对农林牧局的热情接待表示感谢，并介绍了生态科考队的来访人员及走访目的，对今年的"美丽中国环保科普行动"生态科考主题做了详细的说明，强调了生态科考的三点意义：一是生态科考服务国家，生态科考的成果最终将化为建设社会的一份力量；二是生态科考的目的是培养学生的科学精神，在生态科考中磨炼自我；三是生态科考为同学们提供了接触和了解社会的机会，为未来更好地融入社会打下坚实的基础（图1-28）。

双方在座谈会上进行了充分的交流。科考队员童薪宇针对农业灌溉和生态农业提出了问题（图1-29）。水利局负责人表示，在20世纪90年代中期，兵团通过一系列治碱措施改善了大片盐碱地，但是由于当时采取的大水漫灌方式，以及石河子市水资源总量匮乏的现状，农业灌溉至今依然存在很多问题。经过22年的实验、研究、推广节水灌溉方式，目前石河子市有近400万亩地膜下滴灌，使原先不易种植的盐碱地得到了明显改善，节水幅度到达20%～30%。首先农产品质检站工作人员

图1-29　科考队员童薪宇在座谈会上提问

针对生态农业的问题进行了解答；然后科考队员郝易烜针对棉花作物提出了问题，农业科和种子站负责人针对棉花的种植面积，种植模式和销售渠道等方面进行了详细解答；最后科考队员阿曼姑丽针对膜下滴灌提出了问题，水利局负责人对石河子市采取的膜下滴灌技术进行了简要的说明。同时，水利局负责人指出，现在本市的棉花种植已经实现了现代化、机械化种植。赵东旭老师针对盐碱治理细节和棉花商品加工提出了一些问题，水利局负责人结合实际进行了相关说明。

座谈会后，张菊红调研员带领生态科考队到葡萄种植园进行交流参观。红酒葡萄园的工作者向大家介绍了葡萄的种植养护方法，科考队员们就关心的问题进行了请教（图1-30）。

图1-30　生态科考队到葡萄种植园进行交流参观

午后，生态科考队到兵团军垦博物馆进行参观学习。科考队员们通过讲解员介绍了解了石河子的发展历程以及兵团在军垦过程中所做的卓越贡献，科考队员们对兵团与新疆发展的点点滴滴敬佩不已（图1-31）。

图1-31　科考队员在军垦博物馆合影

随后，生态科考队来到了军垦第一连。军垦第一连位于新疆玛纳斯河西岸的石河子红山脚下新疆生产建设兵团农8152团境内（图1-32）。"戈壁滩上建花园"这么一个豪迈美好的想法，在无数屯垦戍边军民的努力下，艰难却坚定地一步步实现着。为了边疆的建设，为了美好的梦想，他们献出了自己的青春、终生乃至子孙。科考队员们表示，要将新疆兵团人的精神永远发扬光大。

走访结束后，队长王迪组织召开总结例会。科考队员们确定了明天的具体安排，讨论了后续的宣传工作。赵东旭老师针对论文的题目、摘要、研究方法、结果与分析、文献等给科考队员提出了具体的要求，同时他指出个人感受要结合历史来抒发。刘存福书记指出三点意见：一是再次认识生态科考的意义，更加坚定服务国家的自觉性和主动性；二是再接再厉，尽快形成一流科考报告，将本次生态科考行动转化为有形的科学成果；三是将本次生态科考中形成的以"团结、紧张、求真、力行"为核心的团队文化在各自的学习工作生活中继续发扬。

图1-32　科考队员在军垦第一连合影

战士们啊！在那战火纷飞的年代里，毅然决然地举起大枪，保卫祖国和人民。战士们啊！在那和平安定的时光里，义无反顾地扛起锄头，建设家园和故乡。战士们呐！挥洒了热血！战士们呐！奉献了青春！战士们呐！铸就了神话！没有你们的无私付出，何来我们今日的美好生活。我们敬仰学习你们的兵团精神，定要继承你们的火炬，燃烧自己，照亮祖国！

——科考队员光电学院2018级硕士研究生　李伟倩

整齐划一，艰苦奋斗，是在今天参观兵团农垦建设中最深刻的感受。从一片片戈壁荒漠到如今硕果累累的农场，一代代开垦戍边人在此付出汗水，付出青春，为新疆的稳定发展贡献出自己的力量。"地窝子"艰苦的生存环境，干旱多沙的沙漠天气，所有的困难都不能阻挡兵团人建设新新疆的步伐。当我们再看到如今市区繁华的都市大厦、农场丰富的农业产品，感受更多的是这背后的拼搏和坚守。

——科考队员生命学院2015级本科生　童薪宇

1.7／笃行致远　再见新疆

　　2018年8月15日，带着怀念与不舍，带着丰硕的调研成果，带着对生态科考队未来的期待，北京理工大学生命学院生态科考队离开了新疆这片广袤的土地。

　　在返程的火车上，科考队员们认真总结了7天的生态科考成果，仔细思考刘存福书记对科考队员们的要求和赵东旭老师对样本实验的指导，于8月16日晚上10点安全抵达北京西站（图1-33）。

图1-33　生态科考队回到北京合影

　　至此，为期7天的新疆生态科考任务圆满结束。2018年新疆生态科考短暂的7天里，生态科考队走访了巴州水利局、库尔勒农业局等9个政府部门，在一次又一次的座谈中获益良多；在这短暂的7天里，生态科考队的足迹遍及库尔勒、石河子等四个地点，总计行程7 000多千米，在行路中收获知识；在这短暂的7天里，科考队员们总共采集样本28份，并将在实验中获得科学的数据；在这短暂的7天里，科考队员们每天平均工作近12h，辛苦但也幸福；在这短暂的7天里，整个生态科考队收集图片视频资料25.8GB，用大量的数据支持一份一流的科学报告。虽然只是短暂的7天，但是生态科考队取得了丰硕的科考成果，科考队员们共同经历了各种困难与挑战，也建立了深厚的科考友谊，增强了服务国家的责任感与使命感，也切实践行了生态科考"服务国家，探索自然，走向社会，感受文化"的主旨。

对于此次生态科考，刘存福书记表示："美丽中国环保科普行动"新疆团成功收队！绿洲、沙漠、美丽的塔河，红柳、芦苇、不屈的胡杨，羊群、油井、塔河的卫士等，都给科考队员们留下了深刻印象。各民族领导和工作人员的热情接待和周密安排让科考队员们体验了民族一家亲的温馨。军垦博物馆、军垦第一连、石河子美景更是让科考全体队员重温了老一代兵团人"戈壁滩上建花园"的壮举，科考队员们在生态科考中表现出来的"青年服务国家"的责任感和使命感，立志成为领军领导人才的崇高追求，以及"团结、紧张、求真、力行"的精神将成为一笔宝贵财富伴随整个生态科考队一路向前！

"美丽中国环保科普行动"，在新疆生态科考的这些日子里我们一起度过，生态科考的这些经历我们一起体验。

【赵东旭老师】

再访新疆之别离有感

这一次　西行　不为复年生态科考　只为再次吮吸西域的生态气息

这一次　赴疆　不为逃避京城喧嚣　只为再次聆听渐低的驼铃之声

这一次　远足　不为寻觅科研灵感　只为再次感受丝绸之路的古韵

这一次　回访　不为找寻曾经过往　只为再次瞻仰敦煌莫高之飞天

这一次　寻梦　不为追寻梦里水乡　只为浅酌坎儿井中的天山雪水

贴近你　那么美　我攒了多久的缘分？

【刘奇奇辅导员】

生态科考任务结束了，想必大家都见到了胡杨、红柳、塔河、水利、军团、军垦文化以及当地各族人民的热情，也能体会到苍茫、荒凉又坚韧的风

景，感受到坚守塔河的管理人员虽然有所提升但仍然寂寥的生活。通过这次新疆之行，相信大家肯定会改变很多固有印象：在荒漠与绿洲的鲜明对比下，原来新疆也是那么美，人民生活也是很幸福。多出去走走，会发现祖国大地各处都有其安居的乐趣，也有我们可以奉献、建立功业的建设与发展。俗话说"读万卷书不如行万里路，行万里路不如阅人无数"，见识到这么多风景，了解到这么多知识，希望大家好好整理材料。今年的生态科考还远远没有结束，我们要把了解到的知识、获得的数据整理、梳理、写作出来，也要把新疆风情、体验感悟整理出来，让更多的人通过我们这次生态科考去了解新疆，热爱新疆，热爱祖国每一片土地。

队员说

> 这次生态科考与众不同，让我感受到了民族一家亲。新疆由荒漠变成绿洲一方面是新疆人的贡献；另一方面也兵团援疆的结果。我由衷佩服那些离开家乡为新疆发展做出贡献的人，更为如今祖国的和平稳定繁荣富强点赞。相信新疆的未来会更加美好，也为我们的科考圆满结束而高兴。
>
> ——科考队员光电学院2018级硕士研究生　李伟倩

队员说

> 科考已矣，硕果俱丰；
> 凌云壮志，吾辈横生。
> 故：
> 披荆斩棘，历尽沧桑；
> 吾心归处，即是吾乡。
> 愿：
> 君行万里自明，
> 卿念万物自知。

愿：

往后余生，

笑颜如今。

——科考队员生命学院2017级本科生　汪涵泽

队员说

今年的生态科考结束了，这7天将在我心中留下最深刻的记忆。在这7天中，我们体会过采样的艰辛；在这7天中，我们在团队合作中互帮互助；在这7天中，我们更多的是感受到像塔河卫士一样的服务国家的扎根精神。总之，收获满满！北京理工大学生态科考队，我们，会继续前行！

——科考队员生命学院2016级本科生　何　芮

队员说

作为新疆人很惭愧以前没有见过这些景色。这次经历与众不同，让我感受到了民族友爱。新疆由荒漠变成绿洲不仅是新疆人的贡献，更是内地人到新疆艰苦奋斗的结果。我佩服那些离开家乡为新疆发展做出贡献的人，更是感谢党和国家对我们的关心；最后感谢这次生态科考队的所有成员，让我感受到不一样的家庭温暖！

——科考队员生命学院2016级本科生　阿曼姑丽

科考有疆

科考感悟篇

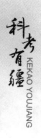

引 言

　　在为期一周的生态科考中，生态科考队践行"探索自然，服务社会，感受文化，孕育创新"的宗旨，在新疆的广阔天地间实践探索，感受异域风情的迷人魅力，倾听沙漠绿洲的建设故事，学习先辈们的责任与担当，收获来自生态科考的多重感悟。

　　茫茫戈壁，悠悠塔河，科考队员们惊叹于大自然的壮丽秀美。7天，3个市州，从库尔勒到乌鲁木齐，再到石河子市，科考队员们深入塔克拉玛干沙漠，在漫天黄沙中艰难前行，只为在雄浑静穆中一睹大漠风采；科考队员们沿着塔里木河沿岸，在郁郁葱葱的胡杨林中驱车百里，在生命的坚韧不屈中感受自然的生机。沙漠与绿洲，荒凉与希望，在这里浑然一体。

　　艰苦开拓，屯垦戍边，科考队员们倾听着戈壁滩上建花园的奋斗故事。"白雪罩祁连，乌云盖山巅，草原秋风狂，凯歌进新疆。"科考队员们走进军垦第一连，参观艰苦朴素的"地窝子"旧址和充满劳动智慧的实用农具，从垦荒时期的句句标语中学习戍边军民为边疆建设奉献青春的坚定信念；科考队员们漫步石河子新城，看着兵团建设下的一草一木，一砖一瓦，感慨十年如一日，脚踏实地的坚守奉献，凝成如今璀璨的戈壁明珠。青春热血，延安精神，在这里书写西部赞歌。

　　勇敢坚毅，默默守护，科考队员们敬仰塔河卫士的不变初心。一度断流的塔河呵护着这里脆弱的生态，河流生态的管理保护是他们的重要使命。走进塔河流域的三大管理站，倾听青年卫士讲述10年青春守候，体会他们平凡而伟大的日常工作，感悟几十载陪伴下奉献担当精神。执着坚守，热爱奉献，这里美好生态由他们缔造。

　　求真力行，团结协作，科考队员们在科考过程中锻炼成长。11名科考队员，从陌生到熟悉，从无的放矢到精诚协作，他们在实践中探讨真知，畅谈感悟，收获珍贵的友谊。科考队员们走出"象牙塔"，从确定生态科考方案到联系当地相关部门，从采集样品到实验室数据分析，科考队员们都秉持着严谨认真的科考态度，即使面对重重困难，科考队员们也都不曾放弃，肩负团队荣誉与使命担当，科考队员们团结协作，攻坚克难，完成生态科考任务的同时各项能力也得到锻炼提升。

　　走过苍茫沙漠，越过秀美山川，科考队员们敬畏自然的力量，造就了壮丽山河；敬畏胡杨的不屈，屹立于沙漠绿洲；敬仰一代又一代的塔河卫士，为生态保护十年如一日的坚守。在文化中感悟历史，在自然中探索知识，在见闻中传承信念，生态科考队将继续砥砺前行。

2.1 / 戈壁滩上　播撒希望

图2-1　郝易炟

北京理工大学信息与电子学院，2016级电子科学与技术专业本科生郝易炟（图2-1）。

队内工作：负责行程规划及安全保障工作。

个人感悟：中国生态保护曲折灿烂，是一幅生动的立体巨画，在新疆的我们冒昧地凝视着这幅画嫩绿的底色和初稿，那笔触虽然稚嫩但是坚定异常。

生态科考行程转瞬即逝，给我留下无尽的回忆，新疆独特的自然环境，民族充分融合的人文景观都有着很深的魅力。我们形成了严谨的科学素养，丰富了自身阅历，开阔了视野，认识了新朋友，可谓满载而归。在这个过程中，我有几点体会很想与大家分享。

首先是新疆各族人民的热情。作为负责行程和安全的队员，在出发前，我充分分析了生态科考过程中的不确定性和风险，也做了各种预案，但热情好客的新疆人民让我做的这些准备看起来是那么多余。无论是塔河流域管理局的艾局长、兵团第八师农林牧局的张局长、英巴扎管理站的努尔·买买提站长还是我们生态科考路上许多素不相识的人，都给了我们许多的帮助。让我们在探索生态环境、地理、历史等奥秘的时候得到了很多便利，我们计划中的采样、参观、访谈等项目都保质保量地完成了，还获得了意想不到的体验和收获，像在塔里木河中游沿着检测维护河流的行车便道详细考察了河岸两侧的植被和农业灌溉用水情况，在石河子市来到原定计划外的军垦第一连，看到了真实的"地窝子"、礼堂和简陋的自制农具，如在乌斯满管理站吃到树枝仅用一次的红柳烤串，用刚宰的羊制作的手抓羊肉……

说到这里，我不禁回忆起新疆的美味，那真的是一种难得的味蕾的享受。原本我对维吾尔族和其他少数民族饮食习惯的了解有限，固有的认知与真正的新疆美食差异巨大。第一站到了库尔勒，我们的晚餐就大大超乎我的想象，外焦里嫩的烤羊排、泛着油光的抓饭、浓香四溢的依米烤肉、饱满金黄的大盘鸡、醇香的伊力老窖等都满足了全体科考队员视觉嗅觉味觉的多重享受，尤其让我们回味的是一种很有民族特色的面食，有着糖三角的形状、千层饼的颜色和味道，只不过馅料换成了多汁的羊肉，再加上后来吃到的大包子，羊肉和面粉的组合果然总能产生不一样的美食。南疆的羊肉也不一般，我们在北京吃到的羊肉大多是河北承德、张家口或者宁夏、内蒙古出产的，口感非常嫩但是羊肉的膻味相对明显。在库尔勒我们第一次品尝到了完全没有膻味的羊肉，这是因为广阔的塔里木河流域的地表水pH值较高，还有当地特色的植物如罗布麻茶供散养的羊食用，这里的羊经过屠宰不用排酸就可以直接端上餐桌，这在内地是完全不可想象的，这里的羊肉口感略微偏紧实，再加上各族群众的精心烹制，着实非常难忘。

说完了热情好客的新疆人民和丰富独特的西域美食，我觉得应该回忆一下我们生态科考队的点滴日常生活了。我觉得，我们能克服重重困难，在较短的时间内出色完成生态科考任务，依靠的是团结协作的精神和充分细致的准备。在生态科考过程中，无论什么任务、无论关乎谁的课题、无论这个访谈的单位是谁主要联系，我们都一定是全力以赴群策群力集体完成，这就在很大程度上提升了工作效率，而且克服了队内男生少的困难——这一点确实是出发前没想到的。因为计划中要取60cm深处的土样，然而从学校带的工具是一把特别小的铲子，有多小呢，据我目测长度不到15cm。这时候，赵老师就教我们用大铁锹挖土，这是一个看起来轻松实际上却不好掌握的技术：先选好要挖的地点，既不能离树太近导致挖断树根，也不能太远，那样的话干硬的盐碱土会让每一次挥锹都变成深深的绝望。我们这些年富力强二十多岁的大学生在开始阶段竟然都不如赵老师挖土快，看来在加强基本劳动技能

上，我们还有很长的路要走。后来，我们每到一个需要采集水样或者土样的地点，都是大家齐动手，分工明确，有人拿着空瓶子取水样，男同学轮流举着大铁锹一个坑一个坑挖土，有人举着相机拍照或录像，有人找当地的巡护检测人员访谈了解。全队科考队员心往一处想，劲往一处使，就有着不能低估的合力，并把这股力量贡献给了建设美丽中国的宏伟目标。

最后我还想描述一下雄奇而壮阔的新疆，原来我的心目中对新疆的自然景观没有什么直观的感受和认知，但是来到这里才真正体会到了祖国的辽阔，香甜可口的瓜果、储量丰富的原油把沙漠和戈壁点缀得光彩熠熠。这次生态科考虽然行程短暂，但是给了我第一手的新疆见闻。在各族同胞的共同努力下，新疆的生态环境已经不再肆意恶化，人民生活安定富足，这些都让我们倍感欣慰。我们要争取把在新疆看到的、听到的、感受到的、了解到的知识传播给更多的人，让他们都能了解新疆，热爱新疆。无论是石河子的兵团农场、乌鲁木齐的繁华街市、轮台那笔直的沙漠公路、苍凉的大漠胡杨、库尔勒的如丝带般碧绿的水系和绿洲还有梨园，都是我们心底值得珍藏的回忆。如果有一天我们再次来到新疆，一定会记得最初的那次生态科考历程和其中的美好回忆。

回到北京，我还久久不能忘记旅程中的点滴，这其中的体会很难以用语言完全表达，我打算好好珍藏这些回忆。等到我们实现两个一百年奋斗目标，真正成为最美丽的大花园，成为空前发展繁荣的对外开放桥头堡和能源、水果产地，我们可以拿着当初的照片欣喜地说：我们为中国的生态环境保护努力过、付出过，我们在新疆的日子虽然忙碌、虽然遇到了困难，但是我们毫不后悔参与这次难忘的生态科考。

2.2 / 心系新疆 砥砺前行

北京理工大学生命学院，2016级生物医学工程专业本科何芮（图2-2）。

队内工作： 负责新闻撰写工作。

个人感悟： 读万卷书不如行万里路。生态科考是一段实地考察的过程，更是我们在团结协作中应用知识建设社会的过程。生态科考不

图2-2 何芮

仅让我们培养了更为博大的胸怀，更多的是让我们切实践行了以科研行动服务美丽中国的宗旨。

胡杨泪，塔河情

塔里木河流域是当今世界上原始胡杨林分布最集中、保存最完整、最具代表性的地区。自20世纪80年代末90年代初，塔里木河流域大力发展农业经济发展，开采石油以来，其自然环境受到了极大的破坏，尤其是下游的胡杨林生态。彩舟云淡万里行，星河鹭起江似练。千年古道随流水，万亩沙土变绿洲。这是曾经的塔里木河，也是我们心中的塔里木河。自2005年退耕还林以来，环境修复已经有了很大的成效，重现沙漠守护神三千年神话的辉煌任重道远。为了了解胡杨林的生态现状，我们来到塔里木河流域进行走访调查和实地考察，以期应用知识为胡杨保护贡献自己的一份力量。

在这次生态科考过程中，除了体会到了生态环境的改善外，我更多地感

受到的是社会各界的努力。他们或是政府工作人员，尽心尽力为生态建设出谋划策；他们或是基层干部，坚守在守护的第一线不辞艰辛；他们或是科研工作者，贡献一生也要保护好这方土地；他们或是普通群众，却依旧把植树护林当作自己的责任义务。

是责任，更是决心

在新疆进行生态科考的7天里，我们走访了很多相关政府部门，如巴州水利局、库尔勒市林业局、塔里木河干流管理局等。我们从一次次的座谈中获得了极其丰富详尽的信息，滔滔不绝中体现的是一份尽心尽力。

就目前而言，在新疆这块水资源时空分布不均，土壤盐碱化程度严重的地域，胡杨林建设最困难的还是水资源的空间运输和节约利用。对此，塔里木河流域干流管理局和巴州水利局都向我们介绍了目前主要的生态输水工程，通过河湖连通、河河连通，建立水闸等措施进行改进。在沟通和实地考察中，我发现目前生态输水建设其实还不完全，一些修护工程也很耗时耗力。除此之外，生态闸还需要更多的信息化建设，依旧需要国家资金的大力支持。

对于库尔勒林业局而言，生态林的建设因为国土资源等原因难以吸引社会资金，荒山造林又是极其长期的工程，并且在防风固沙、改善土地等生态效益之外没有任何的经济效应，缺少造林款项且入不敷出。

总的来说，政府的经济负担极大，但是政府部门生态保护的步伐依旧在前行。库尔勒市林业局的局长说，每次下雨，他们都会很紧张，因为会给土壤带来更严重的盐碱化，所以会立即组织计划性浇水。听到这个的时候我的内心真的触动很大，再缺乏资金又如何，这是责任，也是决心。

为官者，统领全局，殚精竭虑，实干立身。

扎根在基层，做第一线的守护者

有人出谋划策，有人切身实践。

在这次生态科考中，我接触到了很多扎根基层的工作者，就以塔河干流中游的基站人员来讲，他们要频繁巡河，负责最基本的水政和工程管理，每天的工作重复着简单但也隐含着危险，而最主要的困难在于地处偏远，物资购买不便。即使这样，在我和阿其克基站站长刘强的交流中，我问他以后是否还会继续这份比较艰苦的工作的时候，他没有犹豫，坚定地回答"会"。这就是我们的塔河守护者，就算困难重重，甚至开放水闸还需要人工完成，但是他们不后悔，也不放弃。刘强站长大学毕业就直接奔赴这样的前线，一往无前。

还有库尔勒市龙山人工自然保护区的护林员阿姨，每天于烈日炎炎之下穿梭林间，蚊虫叮咬，生活不便。后来，了解到阿姨是这里条件最好的护林员，更远的林区没有水，道路不通，在沙漠边上，每次刮大风都有很大的沙尘暴，条件真的是非常艰苦。

他们是实践者，荣耀属于他们。

科技力量成就中国力量

这次的生态科考中，我们还前往中国科学院新疆生态与地理研究所荒漠环境与绿洲生态实验室进行了学术走访，认真仔细聆听了研究员朱成刚对于胡杨林建设的研究的详细讲解。

我听完后，感慨的是科研工作者研究的深入认真，是他们的努力和全心付出。对于这些科研工作者而言，他们追求科学，亲身实践是唯一让人信服的条件；他们思维严谨，事无巨细；他们讲究逻辑，前因后果，来龙去脉，不可遗漏。所以这些本就要求比常人需要付出更多的时间和精力，这些生态环境的研究者则需要更多的实地考察，行走于山间小道、河中洪流，个中艰苦难以言说。但是，他们从未放弃，结合实际，提出一个又一个解决方案；绞尽脑汁，在这片土地发挥了自己全部的知识和创意。

除此之外，我又不得不感叹于科技的力量。人类是科学技术的创造者，也是科学技术的享受者。输水放水需要的精确控制，节约水资源需要的最先进的膜下滴灌技术，未来发展需要的对气候的预测调控等等科学技术是第一生产力，当之无愧。

反观自己，我们来自北京理工大学，建设祖国、服务人民是我们的根本。"德以明理，学以精工"，自当做科研先锋，担当时代重任。

保护环境，我们共同的责任

除了走访调查以外，我们还针对普通民众发放了一份关于胡杨保护的调查问卷。从调查问卷中，我感受到的是社会在发展，人们的环境意识也在进步。习近平总书记这样说道："绿水青山就是金山银山。"这样一个全民公益的时代，塔河在见证，中国在见证。

胡杨泪，或许是哭诉，哭诉过去的肆意破坏；或许是感念，感念现在的努力保护。但塔河情，却永远是哺育，哺育两岸胡杨，生机勃勃；哺育所有生命，积极向上，倾情奉献。

保护环境，我们可以做得更好，加快退耕还林的步伐，投入更多的创新创意，坚定守护美好明天的决心。终有一天，我们能再现朝阳彩案碧水流韵，向日胡杨金沙送香。

美丽中国，我们在行动

塔河风景壮丽广阔，水域宽阔，滋养着一方水土；点点白羊，修饰着一缕生机。这是我们美丽的中国，这是我们的绿水青山。

磨炼坚韧意志，应用广博知识，追寻报国梦想，建设美丽中国。这一路顺利地走下来，离不开每一位科考队员的严于律己；离不开队员之间的团结协作；离不开各位老师的倾心指导；离不开新疆人民的热情友善。我们在互帮互助中前行，也将心怀感念，回馈当地，助力生态发展。"再接再厉，尽快形成一流科考报告，将本次生态科考行动转化为有形的科学成果。"

生态科考"服务国家，探索自然，走向社会，感受文化"。告别新疆，但将心系新疆；离开塔河，但生态科考的脚步永不停歇；收获感想，也将实践感想；无论身在无间抑或是桃源，也将勠力同心，砥砺前行。

2.3／感念新疆生态守护者

北京理工大学生命学院，2016级生物医学工程专业本科生李冰（图2-3）。

队内工作：负责推送制作工作。

个人感悟：青年只有不怕苦累，勇于实践，才能创造属于自己的未来。

图2-3　李冰

敬畏自然敢坚持，科考实践行万里

来去匆匆，曾经筹备许久的新疆生态科考转眼间便落下帷幕。"台上五分钟，台下十年功"出发前近两个月的准备，是我们新疆7天之行的充足保障。在这两个月里，我们从对新疆一无所知，慢慢变为有所了解，甚至在某些生态方向上查阅了多篇国内外文献。对大多数科考队员成员来说，这是人生中第一次感受新疆，也会是人生中对新疆最深刻的一次感受。在我们的探索下，新疆神秘面纱下的容貌渐渐呈现，我们见识到的不仅仅是新疆迷人的风景，还有无数为建设新疆而努力着的人们。

"绿水青山就是金山银山"，我们不止一次从新疆建设者们口中听见这句话，这句曾响彻在党的十九大会堂的话，如今已成为新疆建设的基础理念。无数的建设者们为了新疆的"绿水青山"而发奋努力着，这份努力也许是塔河沿岸数十年如一日的孤独守卫，也许是龙山荒山区成片种植的胡杨林，更可能是放弃内陆生活奔赴边疆建设的义无反顾。或许我们无法看到他

科考感悟篇　第二章

们流下的每一滴汗，但我们能看见他们眼神里的坚定和执着，并深深为之触动。

河坝上的"蓝精灵"

塔里木河，作为中国境内最大的内流河而被熟知，但真正的塔里木河在2000年之前，曾断流长达32年之久。下游处因为断流缺水，造成了大面积的干旱，农作物和胡杨林死亡，而我们所熟知的罗布泊，更是早早就消失了。新疆的老人说，他们刚刚到达新疆开荒时，见到的不是戈壁上零星的胡杨和红柳，而是成片成片茂密的植物，那是宛如热带雨林一般的繁茂，是如今的我们无法想象的丰饶。但是，随着人们对塔里木河流域土地的开发，人们也意识到了塔河流域资源的充足，为了在这个偏僻的地方生活得更好，人们大肆开发滥用着这里的自然资源。为了一片优质的田地，人们不惜将硫酸注入胡杨体内，从而以胡杨死亡为由，砍去或是烧去胡杨，获得胡杨脚下的那片肥沃土壤。

胡杨自然是不屈的，即便是死去的胡杨，想要烧得一点不剩，也需要好几天的时间。也就是在这样透支式的开发下，人们获得了大量的农田，收入水平也随之提高。但是，过度的取水灌溉和植被破坏导致原本丰富的地下水迅速减少，河水更是在流至下游前便失去踪迹。

这样的变化，的确是让人心痛的，胡杨倒得悲壮，也倒得痛苦。熊熊火焰燃烧的，不应是原本繁茂的植物，而应该是被金钱蒙蔽的人们的心。谁曾见，有的地方土壤干裂风化成沙，有的田地却传来哗哗水声。私自打下的一口口井、私自引来的一管管河水，造成了多少动物流离失所，多少肥沃土地变为荒漠。

塔河的土地，它是在无声地呻吟啊！

幸运的是，有这么一群人，他们听见了塔河土地痛苦的呻吟，驻扎边疆，研究干旱地区种植的方法，取得了卓越的成效。还有这么一群人，在自己风华正茂的年纪，学习了前者的经验，扎根在与世隔绝的塔河岸，数十年如一日，检测水质，观测水势，修筑堤坝，将水量控制精准到毫厘。

那是许多人无法理解的艰苦：在最初的塔河岸，盐碱地成片，远离城镇，设备条件简陋，塔河守护者们多少次顶着烈日行走在塔河岸，多少次在决堤的河岸战斗，又多少次在天气干旱时为人们送去救命的水资源，但享受着这一切的人们，也许更多的还是抱怨他们对水资源的严格管控。事实上，英雄多数是不被人理解的，阿其克管理站的站长刘强曾笑着对我们说起自己的婚姻："我媳妇想在胡杨林拍婚纱照，把我给气笑了，我成天到晚都看着胡杨，胡杨有什么好看的。"

在我们眼里是大漠最美的胡杨林，在这群守护者眼里，不过是日夜陪伴的简单景致，说来像是一种享受，但这背后透露出的，又何尝不是一种常年处于无人烟之地的孤独。

值得高兴的是，塔河守护者们的努力不是白费的，塔河下游开始渐渐有河水流入，生命力顽强的胡杨林渐渐复苏，许多水流量较大的地区甚至开始有动物迁入，甚至仅在湿地出没的白鹭也出现在了塔河岸边，着实让人感到万分惊喜。而在塔河守护者们的努力下，他们的管理站生活也渐渐变得丰富起来，一次次实验终于种出来的作物如今已经能够年年丰收，养殖的鸡鸭和狗在四处欢快地叫着，四周修起了水泥的高墙，也有了休闲的篮球场。

看到这一幕的我是十分欣慰的，在我看来，英雄再怎么坚强，也不过是和我们一样的普通人，除了让人敬佩的意志以外，也需要一些柔软的生活。

"在那山的那边，海的那边，有一群'蓝精灵'，他们活泼又聪明，调皮又伶俐，他们齐心协力开动脑筋斗败了格格巫。"这群在管理站里苦中作乐的守护者们，不正是塔河岸的"蓝精灵"吗？

荒山胡杨的"母亲"

库尔勒曾经有一片风沙漫天的群山，名曰龙山。如今，它却是十几万亩胡杨林所在地。踏上龙山的土地，我能明显地感受到此处土地与别处的差异，或许严格来说，这里的土地根本算不上"土"地，这里更多的是大颗的沙粒还有石块，一铲子下去，磕出响亮的声响，也仅仅是深入了几厘米。但就是这样的土地，竟生长着超过十万亩的胡杨林，当我们真正看见成片的树木时，都被震惊得说不出话来。

林业局的张局长是一位敢做实事的局长，他凭借着从以色列学来的滴灌技术，在常年有风沙入侵的龙山上铺设管道，发动大家义务植树，种出了大片的胡杨林。但是，在这样贫瘠的土地上，胡杨是无法自主生长的，管理者

必须为胡杨提供养分和水分直至胡杨死去那天。种植一批永远都无法"脱奶"的胡杨林，需要的不仅仅是一往无前的魄力，更应是数年如一日的坚持。

荒山之上，居住着薪资微薄的护林员，他们每日准时为胡杨提供水肥，看护着这一片仅仅种植了十余年的胡杨"宝宝"。几只家养的狗，几亩简单的农田，便构成了他们的生活，家里是十分简陋的，没有精致的沙发，没有高级的电器，面对着刚刚没过山头的胡杨林，也有着别样的宁静和幸福。

这样的一片胡杨林，就像他们的孩子一样，如此的稚嫩。下雨了"哄哄"，平日里偶尔给些肥料"逗逗"，每日去胡杨林里"陪陪"，弱小的幼年胡杨和人类婴儿一样也需要呵护。就是这样的一群成长中的"孩子"，也渐渐地开始承担起这座城市的重任。它们不仅使库尔勒的年均温度下降了0.8~10℃，也使其相对湿度上升了10%左右，而年风沙天气更是减少了15~20天。

无论孩子生活的地方多么艰苦，母亲总是会陪在他的身旁，支持他帮助他。所以荒山上每日与胡杨"宝宝"做伴的护林员们，是胡杨林名副其实的"母亲"。

在新疆待了7天，又怎会仅仅见识了塔河守护者和荒山护林员呢，为新疆的生态建设所付出着的人们，无一不是伟大的。虽然新疆炽烈的太阳晒黑了他们的皮肤，但是新疆的生态环境还会温柔地爱他们，回报以丰硕的果实，肥美的羊群，金黄而遍布的胡杨。

新疆的生态建设体系是完善的，从底层的工作人员，到上级的管理人员，新疆生态建设者们都让我们学会了一条真理——青年只有不怕苦累，勇于实践，才能创造属于自己的未来。

2.4 / 塔河水　胡杨泪　梨城醉　大漠情

北京理工大学光电学院，2018级仪器科学与技术专业研究生李伟倩（图2-4）。

队内工作： 负责新闻撰写工作。

个人感悟： 在新疆的广阔大地上，感受和探索自然，了解和服务社会，痛并快乐着。

图2-4　李伟倩

自2004年起，北京理工大学生命学院生态科考队以"服务国家，探索自然，走向社会，感受文化"为实践主题，促进大学生群体思想成长和素质提升为目标开展生态科考活动，在祖国各地留下了生态科考的足迹。2018年8月7日，生态科考队整装待发，以"美丽中国环保科普行动"为主题，针对胡杨林的育种建设、塔里木河流域生态、农业、林业发展，瓜果种植和城市生态等相关课题，在新疆乌鲁木齐和库尔勒市的塔里木河流域开展为期7天的生态科考活动。

此次新疆生态科考之旅圆满成功，从前期的课题讨论、行程筹划，到实地生态科考、再到后期整理，每一步的开展都计划周密、井井有条。生态科考的顺利进行离不开刘存福书记、赵东旭副教授和刘奇奇老师的高屋建瓴和悉心指导，离不开走访单位的热情接待和耐心配合，更离不开生态科考队每位队员的辛勤努力和无私付出。

在刘书记的指导下，我们明确了生态科考的意义，一是贯彻落实"青年

科考感悟篇

第二章

服务国家"的要求；二是要培养科学精神，担当时代重任；三是要接触社会，了解社会。

同样，生态科考最后，刘书记总结了生态科考队多天来的收获，将生态科考队的精神总结为"团结，紧张，求真，力行"，并对同学们提出了三点要求：一是再次认识生态科考的意义，更加坚定服务国家的自觉性和主动性；二是再接再厉，尽快形成一流的生态科考报告，将本次生态科考行动转化为有形的科学成果；三是将本次科考中形成的以"团结、紧张、求真、力行"为核心的团队文化在各自的学习工作生活中继续发扬。虽然新疆生态科考结束了，但是相信新疆生态科考的精神将一直传承下去。

这次生态科考有很多印象非常深的人或事。

悠扬塔河水——水清人更美

最可爱的人是塔管局的工作人员。

塔里木河流域干流管理局（简称塔管局）主要管理塔里木河中游的输水等问题。塔管局的工作人员服务基层，做好本职工作。我了解到，他们中很多人都毕业于211或985大学。为了响应国家的号召，他们选择扎根一线，建设自己的家乡，这种精神非常值得敬佩。当今社会，高学历人才已经非常普遍，著名大学的毕业生也数不胜数，部分大学生、研究生在择业的时候刻意规避那些辛苦的基础性工作。殊不知，只有从基层干起，才能够在艰苦的环境中得到磨炼，未来才会有更广阔的腾飞空间。起始高度低一些并没有关系，决定人生最终成就的是加速度。相信这些在基层磨炼的年轻人日后定会一飞冲天，做出更好更大的成绩。一方面我感动于管理者们数年如一日的坚守；另一方面也深知年轻人就应该在艰苦的环境中磨炼，才能成长为合格的人才。

从另一个角度看，这世界有大树便有小草，而绝大多数人都是"小草"，这是运气和实力所决定的。那么做一株平凡的"小草"是否就没有意义呢？显然不是的，小草有小草的顽强傲骨。草类植物对于生态环境的稳定尤为重要，如同整个社会，如果人人都想出人头地，没有人愿意从事基础工作，那么国家社会就不会稳定，更不可能繁荣，所有的一切都只会是空中楼阁。社会需要"小草"，需要这些扎根基础，做好本职工作的默默无闻的人。我们要为他们点赞！

大漠里的宝藏——塔克拉玛干大沙漠

最美丽的风景是塔克拉玛干大沙漠。

塔克拉玛干大沙漠位于新疆南疆的塔里木盆地中心，是中国最大的沙漠，也是世界第十大沙漠，同时也是世界第二大流动沙漠。整个沙漠东西长约1 000 km，南北宽约400 km，面积达33万km^2。

还记得生态科考队一行乘坐大巴行进在远近闻名的沙漠公路上。路边的景致不断地变换，从一开始黄绿相间的胡杨林，再到植被数量、种类稀少的荒漠，最后抵达几乎没有植被覆盖的沙漠边缘。

漫无边际的黄沙在阳光的照射下呈现出白色的光芒，仿佛一片茫茫无际的皑皑白雪。远远望去，大小沙丘高低分明，错落有致，层叠交错。近距离观看，荒芜的沙漠分布着零星的植物。我感叹道，即便如此恶劣的条件下，仍然有植物顽强地抗争。这些低矮的灌木，将它们的根系深深地扎入十几米甚至几十米的沙土中，汲取着足以维持生命的地下水。人在面对困难坎坷时也应该乘风破浪，勇往直前，努力适应当前环境。

蓝天辽阔，白云朵朵，黄沙漫漫，我深深感受到了塔克拉玛干大沙漠的雄壮与辽阔。如果说塔里木河是新疆人民的母亲，代表着新疆温婉隽秀的一面，滋养了新疆的芸芸众生，是新疆的血和肉。那么塔克拉玛干大沙漠就是新疆人民的父亲，是伟岸广博英勇顽强的化身，是新疆的精神内核，是灵魂所在。正是灵魂与肉体的交融使得新疆大地有取之不尽、用之不绝的生命力量。子子孙孙，世世代代，繁衍不息，新疆人民在这片土地上不断缔造着新的奇迹与辉煌。塔克拉玛干大沙漠，对我是一次心灵的洗礼。

胡杨——千磨万击还坚劲

最令我尊敬的植物是胡杨。

胡杨又称胡桐，杨柳科落叶乔木。树干经常会分泌一种液体，但很快就会凝固。西北地区的人民经常把它和食物放在一起来食用。液体里含碱，这便是当地人所说的胡杨泪。胡杨在这蛮荒之地顽强地生长，着实令人佩服。胡杨的精神就是只要还活着，就竭尽全力地活，它可以把根可以扎到地下10m

深处吸收水分，供给自身的生存，哪怕有一丝生长的机会，都会从根部萌生幼苗。没有水分的时候，它会干枯，当所有的枝条都已经枯萎，它依然努力不让自己倒下。因为它仍然充满了期待，期待奇迹的出现，期待有那么一天，有水分供给它的时候，它会重新让绿色装扮着孤寂的大漠戈壁，于是就有了千年的等候，千年的翘首期盼。

军垦——热血激昂的青春

最令我深思的是军垦。

"戈壁滩上建花园"这么一个豪迈美好的想法，在无数屯垦戍边军民的努力下，艰难却坚定地一步步实现着。为了边疆的建设，为了美好的梦想，他们献出了自己的青春，甚至是一辈子。

军垦精神就是大树精神，就算是一粒种子，只要它落在这片土壤上，就会生根、发芽，不断成长，最终长成一棵参天大树，然后再发展成一片接天的树林，最终带来一片绿荫，造福一方百姓。军垦精神就是这种艰苦奋斗、自力更生、无私奉献、顽强拼搏的精神，军队是要打仗的。就像这新疆大地的胡杨一样，有着顽强的生命力和创造力。是兵团将这蛮荒之地点缀得如同花园一般多姿多彩。

遥想当年，一批批热血战士，放下武器，扛起锄头，建设祖国的边疆。

战士们啊！在那战火纷飞的年代里，毅然决然地举起大枪，保卫祖国和人民。战士们啊！在那和平安定的时光里，义无反顾地扛起锄头，建设家园和故乡。战士们呐！挥洒了热血！战士们呐！奉献了青春！战士们呐！铸就了神话！没有你们的无私付出，何来我们今日的美好生活。我们敬仰学习你们的兵团精神，定要继承你们的火炬，燃烧自己，照亮祖国！

这次科考有很多感动的人和事。感谢北京理工大学生命学院给我这次机会。感谢老师的悉心指导和同学们的耐心帮助！感谢旅途中所有可爱的生灵！是你们让我成长和蜕变！

2.5 / 西行访疆　尽是难忘

北京理工大学生命学院，2016级生物医学工程专业本科生马小岚（图2-5）

队内工作：副队长，协助统筹管理、宣传工作。

个人感悟：科考，是一群人的共同经历，也是大家各自的成长。尽己之力，爱一份自然，护一方生态，科考之路，砥砺前行！

图2-5　马小岚

这一次西行，是14人的同行，也是独自一人和新疆的对话，走一程，悟一程，难忘一程，几天的光景，科考、观赏与思考并行，便也有了些感触。

是风景优美的新疆——

中国最大的沙漠——塔克拉玛干大沙漠，中国最大的内陆淡水吞吐湖——博斯腾湖，悠悠塔河，皑皑天山，未见新疆，却早已对其纷繁美景有所耳闻，她，是备受关注的。此番新疆之行，得以一睹大漠风采。极目远望，黄沙片片，连绵不断。踏着清风，和着轻飘的沙粒，将日晒的焦灼感抛之脑后，肆意地在沙漠上行走，奔跑，感受着这浩渺之境。或合照，或独照，或玩沙，或笑，或闹，大家都在切身地感受着与塔克拉玛干大沙漠接触的点点滴滴，藏匿于记忆之中。此番新疆之行，得以一览塔河之景。塔里木河，中国第一大内流河，护育着塔里木盆地沿带的发展，被誉为"生命之

河""母亲之河"。塔河悠悠，两岸立着胡杨，时有见羊群片片，引起一番惊呼，沿河而上，感受着两岸风姿变换。此番新疆之行，得以一探军垦古迹。军垦，是独特的。挺立的古迹，诉说着当时建设的点点滴滴：农场、"地窝子"、泥房子。看着这些，仿佛当时充满活力、充满激情的建设岁月铺展眼前，当时的他们，是那么淳朴，那么快乐，那么有干劲，一切的一切，为的是新疆的发展，这又何尝不是一番风景！

叹其秀美，惊其壮丽，这里是新疆，是大自然眷顾的地方。此番西行，不为游玩，美景却也能幕幕送入眼帘。

是热情好客的新疆——

"谢谢""谢谢您"，新疆这一行走来，在我的脑海中，对这几个词的印象似乎尤其深刻。无论是走访部门的领导的真诚接待，还是司机师傅的坦诚相助，居住处阿姨的热情友善，抑或是那林区探访之时，驻守的阿姨那带着暖笑递来矿泉水。再者，采样之时，当地部门、领导的大力支持。这些虽说多是细节，谈不上费时费力，但往往来说，能触动人心的，就是细节了。正是因为有着这份善待来客的心，这些细节才会淋漓尽现。我们新疆之行的顺利，课题的良好开展，需要对这些给予帮助的人们，道一声谢谢！"新疆人挺好客的！""对啊。""我也觉得。"不用多说，生态科考队里早已形成共识，这是一个多民族的地方，大伙一块和睦共处，欢声笑语，一块给来客带来热情，带来温暖！这是新疆的亮点，也是新疆的魅力！

幸其热情，乐其温暖，这里是新疆，是善良尽现的地方。此番西行，未有料想，竟深悟了热情的待客之道！

是齐心协力的新疆——

生态科考队里的新疆同学曾说道，新疆的经济发展、生态建设等，不仅仅是新疆人的贡献，更是内地人民到新疆艰苦奋斗的结果。其实，这一路走来发现，在新疆，无论是新疆人民，还是内地人民，都早已不分你我了。西行途中所到的塔里木河干流管理站的三个站点：阿其克、乌斯满、英巴扎，都仅有十来个工作人员，他们在这人烟稀少、资源匮乏的地方，负责上万亩地区的供水和水质检测，却仍然顽强发展，扎根于此。这些工作，需要热情，需要长期的坚持，需要克服劳累、孤寂等等困难。然而，他们一个个都坚持了下来，眼里充满着对塔河生态输水工程的支持，对塔河生态恢复与发展的坚定。他们，看到的更多的是，塔河的生态在一点点地修复，他们所做的这一切，他们的付出，是有成效的。这些，或许就是塔河卫士源源不断的动力吧。而中国科学院新疆生态地理研究所的人们，也都如此。不同民族，不同肤色，智慧的交融，科学的交汇。他们尽心科研，一个个结论，一项项成果，都是实实在在地为当地生态做贡献。说起塔里木河生态现状，说起胡杨生长现况，他们有担忧，但更多的是决心改善的坚定！

赞其团结，信其坚定，众人拾柴火焰高，齐心协力，众志成城，共护塔河绵延！

2018年8月9日至8月14日，是与新疆密切交流的日子。实地考察6天，库尔勒，轮台，乌鲁木齐，石河子，都纷纷见证了我们的到来。这6天的考察，走访了9个部门，采集样本近30份，拍摄图片、录制视频达25.6GB，新疆之行，对我们来说，无疑是印象深刻的。回想起新疆生态科考这一路，难忘的不仅仅是新疆的美丽风景，新疆的好客风俗和新疆的团结情怀，更多的是，这个暑假，我们因为新疆所发生的点滴。

首先，不得不说，此番西行的前期筹划。一遍遍地进行课题的修改、完善，甚至是多次的推翻重来；细致的路线规划；车票、住宿、饮食的预定；实验用具的提前购买；走访部门的提前联系和确认；筹备会议的多次召开等。这些都是不可回避的问题，而且正需要每个人分工合作，尽心尽力地准备。这个过程，往往能磨砺耐性，也可养成一番心得。对我而言，在这个前期筹备过程中，也是颇有感触，颇有收获的。课题方面，在保证可行性的前提下，考虑逻辑，考虑创新等，确实需要细致地下功夫。往往来说，理想和现实总是有差距的，这么反复地完善课题，也正是为了使差距出现时尽可能地小。在与走访部门的联系方面，确实算是个技术活。但是正面沟通，以礼相待，不厌其烦，细致核实往往就是窍门。前期的筹备工作虽然繁杂，但是调整心态，也容易豁然开朗，轻松应对。

实地生态科考的日子，是要紧凑些的。一站接着一站。白天，或是走访部门，或是采样，或是途中奔波，或是多者的结合，到了晚上，总结今日，计划明日的例会是标配，辅之新闻稿、推送、实验的巧妙搭配，大家并不空闲，每天的平均工作时间可近14h。在这种情况下，还要继续兼顾自己课题的开展情况，及时地进行调整和完善。在一定程度上来说，这6天是艰辛的，但

是我们也都坚持下来了，这其中有老师的耐心指导，也有科考队员们的互帮互助，有着每个科考队员的认真与执着，有着……6天下来了，我们或多或少，成长了，我们也确实是一个团队了。之所以称为团队，不仅仅因为它是一帮人的新疆生态科考之行，更多的是"团结、紧张、求真、力行"在这几天的行程中淋漓尽致的体现。我，欣喜有这样的相遇，幸运有这样的成长。

这一次的新疆生态科考，是我第二次参加生态科考，每一次都是新的体验，每一次也都有不一样的感受。"服务国家，探索自然，走向社会，感受文化"，是实践的大主题，也是在这次生态科考中深有体会的16个字。是科考人，也是青年大学生，无论是否科考，都确确实实要坚定服务国家的自觉主动性，领悟自己的责任和使命，求真务实，切实搞好手头的工作，把生态科考中形成的良好精神投射到日常的工作与生活当中，努力地提升自己，承担起应有的责任，以期为祖国的建设贡献出大学生的力量。

西行访疆，虽然只有数日时光，却尽是难忘。感谢和新疆的相遇，感谢和生态科考队的相遇，感悟尽在其中，成长也不知觉地藏在其中。新疆，是美好的，青春年少，朝气蓬勃地追逐着明天的我们，更是美好的。

西行访疆，尽是难忘，那就，刻在心里，相随远行！

2.6 ／茫茫戈壁　开垦希望绿洲

北京理工大学生命学院，2015级生物医学工程专业本科生童薪宇（图2-6）。

队内工作： 负责摄影录像工作。

个人感悟： 在生态科考中，看到了辽阔壮观的自然风光，体验到了丰富多彩的人文风情，读万卷书，行万里路，短短7天的生态科考，让我们收获知识，收获友谊。

图2-6　童薪宇

"只有荒凉的沙漠，没有荒凉的人生。"这是在沙漠公路旁石油生产者写下的标语，同样也是代代屯垦戍边人建设戈壁沙漠、支持新疆稳定发展的写照。西北苍茫，漫天黄沙，广阔天地间，新疆如同一颗塞外明珠，以其独特的风景，吸引着远道而来的我们。在其拥有着六分之一的国土陆地面积的辽阔土地上，我们不仅看到了祖国大好河山的波澜壮阔，也了解到了新疆建设发展过程中的艰难和不易，感受到了在这里的守卫者们坚毅勇敢、默默无闻的高尚品质。

美丽边疆，独特风景

新疆地处内陆，远离海洋，干旱少雨，塔克拉玛干大沙漠浩瀚而神秘；塔河悠悠，胡杨红柳，驼铃声声，塔里木河默默哺育两岸绿洲。初入戈壁沙

漠，绿色渐退，黄沙渐现，在无边的沙海中，点缀着一丛丛灌木，一丛丛沙柳，还有屹立不倒的胡杨，"生而千年不死，死而千年不倒，倒而千年不腐"，胡杨张开的枝叶，如同渴望生命的臂膀，扎入无边无际的荒漠，给原本沉寂的沙海注入了生命的活力。与沙漠的浩瀚和肃杀不同，河流养育着绿色和生机。车辆沿塔里木河缓缓前行，两岸胡杨郁郁葱葱，绿意盎然之间，牛羊成群，与沙漠中的单调形成了鲜明的对比，胡杨林生长于沙漠与绿洲间，如威严的战士，守卫着两岸的绿洲，沙漠在远处连绵起伏，诉说着遥远的荒凉。作为母亲河的塔里木河静静流淌，给这片土地带来勃勃生机，壮丽的景色，不禁让我们对大自然的力量心生敬畏。沙漠与绿洲，荒凉与希望，在这里浑然一体，移步易景，一呼一吸，在这里我们看到了祖国壮美的山河，感叹着新疆美丽的边疆风情。在每一步前行中，我们感慨于自然所给予的惊喜与震撼，感慨于这里的每处生命都如此顽强和不屈。

地广人稀，艰苦环境

广袤的沙漠风景，却反映了这里茫茫戈壁的艰难生存环境。拥有着六分之一国土陆地面积的新疆，三山两盆，城市稀稀疏疏分布在盆地边沿，更多的却是鲜有人迹的荒漠。城市与城市之间，距离遥远，交通的不便利让这里的发展更加不均衡。土地沙漠化、盐碱化程度高，沿路两侧的土地上，大多泛着层层白色的盐碱颗粒，土地盐碱化使得大多数农作物难以生长，加上水资源的缺乏，盐碱无法顺水排出，导致土地盐碱程度进一步加剧。在广阔的土地上，水资源分布并不均衡，大多数地区均为干旱/半干旱区域，而早在十年前塔里木河的几度断流，更让下游两岸的胡杨林日渐枯萎，生态问题加剧。种一棵树，养一片农作物，这些在我们看来自然而平常的耕种，在这里却变得尤为艰难。在大多数地区，滴灌成了植物赖以生存的技术，在库尔勒市人工种植胡杨林区，细长的滴管，每隔3m一个滴孔，滴管遍布山坡，灌溉水按区域轮灌，化肥养料精确输送，在林区守卫者的悉心照料下，一棵棵胡杨幼苗顺着滴灌水顽强生长，一滴水，一抔土，十年二十年，胡杨在荒山上生长，戈壁荒漠，渐渐有了一点点、一片片绿色的点缀。片片青山背后，却是林区工作者对于绿色的渴望和坚持，对于生态建设的赤诚之心。艰难的自然条件给建设边疆、稳定发展的建设者们带来的仍然是不小的挑战。

艰难奋进，开拓守边

荒漠戈壁里，发展农业生产，壮大经济建设是新疆稳定发展的重要任务。新疆生产建设兵团的开荒戍边、维稳发展工作给新疆的建设留下了浓墨重彩的一笔。艰难开拓中，兵团人在荒漠中创造出一个又一个奇迹。在兵团军垦博物馆的展览馆里，一幅幅黑白照片，一段段文字，诉说着建设背后的艰难辛酸。徒步进疆，背负着祖国统一，稳定边疆的任务，人民解放军突破艰难的自然环境的限制，创作了荒漠建设的伟大诗篇。在中华人民共和国成立之初，为了稳定边疆，早日解放新疆，王震将军带领人民解放军挺进新疆，在胜利完成解放祖国大陆的事业后，到达祖国经济建设的第一线，拿起生产建设的武器，屯垦戍边，开拓边疆。黄沙漫天，尘土飞扬，干旱少雨，缺少必要的建设工具，建设者们便就地取材，用自己制造的简易工具，用一砖一瓦在戈壁滩上搭建新的家园。军垦第一连里，"地窝子"里昏黄灯光摇曳，默默诉说着这里的艰难和苦涩。"房在地下三尺深，冬暖夏凉有点潮。下面顶着四根棍，上面铺着芨芨草。"短短的四句打油诗成了"地窝子"真实的写照，在这艰苦的环境中，兵团人苦中作乐，艰苦奋斗，打造自己简单而又温馨的小家，怀着"戈壁滩上建花园"的伟大而美好的愿望，建设国家大家，创造了戈壁建设的奇迹。背负着建设边疆的重任，兵团人远赴边疆地区，稳定社会，发展经济，为了美好的梦想，献出自己的青春、终身乃至子孙。在兵团军垦博物馆的陈列里，我们看到了国家重担下军人的担当，一辈子未走出边疆，生活简单而朴素，从未坐过飞机的老军人曾在邀请下来到石河子市，第一次走出边疆的他们，用颤颤巍巍的手，敬端端正正的军礼，向将军，向国家报告。在他们身上，我们看到了老一辈革命者的时代担当。

如今，石河子市成了兵团建设的一个缩影，从荒漠变为城市，大大小小的房子错落有致，街道紧凑排布，简单有序的数字标号给石河子的每条街、每个社区增添了兵团特有的几分整齐。城区郊外的兵团农场里，葡萄、棉花、粮食、油料等作物按连队划分，播种整齐有序、科学化灌溉、机械化生产、现代化耕种，使石河子从寸草不生的戈壁滩成为如今兵团的粮仓。在这绿色发展的背后，我们看到的是代代兵团人矢志不渝的信念。

科考感悟篇

第二章

坚毅无畏，塔河卫士

曾有兵团人屯垦戍边献出青春汗水，现有塔河卫士甘守寂寞参与生态保护。作为我国最长的内陆河，塔里木河哺育着新疆的一方儿女。由于新疆干旱的气候特点和人类对于水资源的无序开发和低效利用，塔里木河在20世纪50年代一度断流，大片胡杨林死亡，造成下游生态环境的破坏。随着塔里木河生态输水工程的建立，对水资源进行合理调控，使得两岸生态环境得到修护，农业生产稳定发展。为了对每个生态水闸进行实时监控和及时调节，塔里木河的管理者长年驻扎在塔河沿岸的管理站中。沿塔河中游而行，依次经过阿其克、乌斯满、英巴扎管理站，远离城市，人迹罕至，管理站安静地坐落于塔河边，管理站里十几个工作人员管理着上万亩地的供水和水质监测。管理站离城镇遥远，生活买菜都成了难事，管理者便自己种蔬菜，种瓜果，养家禽，面积不大的管理站里有了一些家的温暖。

青年担当，是阿其克管理站站长刘强用十年青春的坚定守卫；默默坚守，是乌斯满管理站站长王粒全在寂静荒凉中的日复一日；坚毅无畏，是英巴扎管理站站长努尔买买提在守卫保护中的几十载陪伴。悠悠塔河，静静流淌，流淌在平原间，留下肥美的草场，沿岸的牛羊成群，胡杨茁壮，诉说着这里的美好生态。感谢塔河卫士的坚守，日复一日，年复一年，没有功名利禄，没有城市喧嚣，饱含对这片土地的热爱，对一片绿色的执着，在寂静中用自己的青春陪伴塔河水缓缓流淌。

敬畏自然，敬仰卫士

7天的短暂生态科考旅途结束，我们感叹自然的神奇美妙，惊喜于祖国大好河山的雄浑壮阔，在新疆辽阔的土地上留下我们曾经走过的痕迹。我们热爱自然，热爱生态，所以探索；因为探索，所以保护。看过沿途风景，走过沙漠，越过山川，我们敬畏自然的力量，造就壮丽山河；敬畏胡杨的精神，屹立沙漠绿洲间，如卫士般坚守。我们更敬仰的是在这片土地上，那些献出汗水，献出青春，十年如一日的守护着、建设着的卫士们，历经磨难，历经坎坷，将自己的力量投身于新疆的稳定发展建设中，共同创造更加美好的未来。

茫茫戈壁，大漠黄沙；悠悠塔河，胡杨红柳；

赏沙漠壮景，叹祖国之壮阔；访塔河卫士，敬十年之坚守；

干旱，扬沙，人稀，艰难环境挡不了迫切的建设；

拼搏，坚毅，无畏，代代戍边人开垦希望的绿洲；

走过荒山，穿过沙漠，带着胡杨的精神；

科考人必将砥砺前行。

2.7／吾之于之

北京理工大学生命学院，2017级生物技术专业本科生汪涵泽（图2-7）。

队内工作：生态科考队队员，主要负责视频拍摄及剪辑。

个人感悟：披荆斩棘，历尽沧桑；吾心归处，即是吾乡。

图2-7　汪涵泽

夏之骄阳如火如荼，夏之深思此起彼伏。不自觉，7天的新疆生态科考之行渐入尾声；恍惚间，此间音容笑貌仿若仍在心间。《曾杨柳》有语"或许是不知梦的缘故，琉璃之人追逐幻影"。或许是对未来的惶恐太深，我们对生态科考时的一切都无比怀念。不论是每天两个小时不到的睡眠，不论是烈日三百多公里的行程，不论是平均一天三个政府部门的走访，这一切的一切都证明着我们来过、我们走过、我们历练过。

科考，接触着社会，贴近着生活

生态科考不仅是一次学术行动，更是一次生活经历。当学术与生活相交集的时候，我们何不以此为契机，同时借助两者的相对力量，为我们的生态科考生活提供相应的便利条件。或许，在本次生态科考行动中，最令我感到意外的就是那一次次不拘束于生态科考，反而去接近现实生活的行动。或许也正是这次大胆的尝试，才令我对生态科考"取之于民，用之于民"有了更深刻的感悟。我们不应该将我们的行动局限于那一次次例行而又官方的座谈与采样，有时官方的手段仅仅只能带来官方的援助。而与官方部门的非正式交流以及与非官方部门的交流或许在某些方面会带给我们更大的便利。以三教九流为名，行循规蹈矩之事，吾之愿：携众之手，科技兴邦。

学而思之，学而用之

这次生态科考的经历是艰难的，而采样则更为其中的重中之重。初次进行采样操作的我们对各项行动的理解仅仅停留在相关数据资料的科普及相关纪录片的对应学习上，而没有切实体会过对于不同地区，不同环境下乃至不同采样手段下采样深度和广度的不同都会影响当时的采样效率。正当我们陷入采样效率太低以至预计采样时间紧缺的困境之中时，赵东旭老师向我们示范了如何正确的采样方式以及如何避免由于土质原因导致采样样品代表性不够强等问题。赵东旭老师的示范以及讲解打开了我们正确采样的大门，我们边学边思考，同时在接下来的采样过程中进行大量的运用及因地制宜的拓展，最终相对熟练地掌握了这门技巧。可以说，没有这次向赵老师的学习，我们的采样效率会大大降低，我们的样品优质度会大大降低；可以说，没有学习时相对应的思考，对其他的采样地的相对应用也会出现问题；可以说，没有接下来自我的大量实践，我们对土样采集这门采样技术的掌握程度及熟练程度更会大大降低，甚至可能会无法熟练掌握。"学而时习之"，以已有所知为乐；以已有所悟为乐；以已有所成为乐，此则为乐之根本。

为吾国用，知政而行

从古至今，为商为业，最忌讳的就是违政行事。政，乃国家政治机关对国家各项内外因素综合把控之下的对整个国家未来发展大方向的整体把控，也就是所谓的时代大潮流。可以说，行商者行违政之事则国之经济易乱，从业者行违政之事则国之大计将崩。此次新疆之行所进行的各项访谈中，令我们收获最大的不仅仅是得到了外界难以获得的精确数据，更是国家对整个新疆生态和经济的整体战略把控。由此一行，我们看待新疆的生态环境问题仿佛站上了一个新的台阶。

而从高到低，在极短时间对政府同类从属机关的走访和座谈更是令我们

精确地认识到大方向把控与小范围实施之间的具体矛盾。国以民为利，其利志在千秋；民以己为利，其利重在子孙。难以辩驳，一国的千秋万世与万民之子子孙孙究竟孰轻孰重。因此，如何调控好国家与百姓之间的矛盾则成了各级政府机关的重中之重。是放手，以为民请命为借口行不作为之事？是严打，以忠君之心为目标做严格把关？不，更多的基层乃至中高层领导愿意放下身段，走访考察各地，结合以实际情形，以身作则地劝说引导百姓，使之对国家更信服，使之对政府更满意，使之愿社会更昌盛。诚信为民，他们信仰的不是诸天神佛，他们敬重的是黎民百姓。

民为贵，以己利之

"君子和而不同"，同为忧国忧民之士，基层工作者与上级领导形式便有所不同。虽为监管，却无严政之心；同为把关，仍含仁士风度。塔里木河流域管理站的各位每日监管着100 km的中上游流域，为下游塔里木的持续涌流做出了不可估量的贡献。不到10人（甚至还包括各位非正式员工）的管理站，却要守护近百公里的以易断流著称的塔里木河，其中艰辛又有谁人可知。而这严肃的岗位又非任何人都可以胜任的。1980年985大学的毕业生仅仅只能在此做一名副站长。吾等皆知，在当时以如此学历出身的他在哪里都可以获得一份令人艳羡的工作，何必屈身在如此恶劣条件下的荒无人烟的管理站呢？是对国家期望的热忱、是对社会盼望的把控，更是对人民渴望的切实回应。吾之行，利为民；损吾业，重吾心。

国以民力，民以国忧

此去新疆，最令人感同身受的便是新疆维吾尔自治区政府与民众之间的相互包容的情怀。为政者，愿为其民劳心舍力；为民者，愿为其国尽心尽力。国内第一内陆河的保护，全长2 179km的限流，"损害"了多少当地百姓的即时利益？他们有的文化程度并不高，不懂得什么叫长远发展，不懂得什么是维护生态，但他们知道的是他们的国家需要他们的帮助。即便这样的维护需要损害的是他们的切身利益，他们依旧毫无退缩。正如中上游段的塔里木河流域，这先前是多少当地牧民的天然牧地，是多少农人的天然水源，他们祖祖辈辈都曾在此逐水草而居，而面对政府的要求，他们毫无怨言地缩减了世代的耕地，削减了成片的羊群，为的只是他们甚至未曾听说过的保护生态的举动。这份毫不犹豫又何曾不是一种大爱。其随生来于国于家无所期，吾愿死去成子成孙之高尚。正所谓：士为知己者死，国为忧国者昌！

身于京工，心系新疆

7天生态科考转眼而逝，我们看过的、爱过的、经历过的乃至畅想过的一切的一切都已化为过去。"弃我去者，昨日之日不可留；乱我心者，今日之日多烦忧。"吾曾走过的新疆又何曾不是吾曾心心念念的地方。那里的政通人和、那里的军民同乐，那里的黄沙厚土、那里的瓜果飘香，那里我们曾畅想的一切以及那里我们所经历的一切，都是我们心神所往的一切。在那里，从民行，则见民之乐；从商行，则见商之欢；从政行，则见官之情；从军行，则见军之忧国忧民。故，吾愿为之行科考之事而助之政；故，吾愿为行出上善之策而助之民；故，吾愿诚心竭力而助其昌盛。

吾之于之，与民同乐；吾之于之，与国同忧；吾之于之，与政同欢；吾之于之，科考同行。

2.8 / 建国重任　青年担当

北京理工大学生命学院，2016级生物工程专业本科生王迪（图2-8）。

队内工作：生态科考队队长，整体负责全队各项工作。

个人成长：领略美丽新疆风情，学习塔河卫士和军垦精神。

图2-8　王迪

新疆维吾尔自治区，位于中国西北边陲，首府为乌鲁木齐，是中国五个少数民族自治区之一，也是中国陆地面积最大的省级行政区，面积166万km²，占中国国土总面积约六分之一。而在如此广袤的疆土上仅仅只有两千多万的居民，这是一个有着极大发展潜力的地区，同时又是一个有着极大发展需求的地区。

路途初行，风情新疆

2018年8月7日，在整理好行李后，科考队员一行人从北京出发，在匀速的火车上，我们怀揣着憧憬的心情，慢慢向新疆前进。经过一天左右的路途后，列车终于驶入了新疆境内，新疆的景色在车窗外闪过，广袤的沙棘林，连片的云朵，成簇的山脊，悠闲的牛羊。虽然看起来都是转瞬即逝，但是它给予我们的冲击感，广袤，恢宏，久久储存于我们的心中。这些景色不免给新疆增添了几分神秘的气质。

说起一个地方，给人留下印象最深的必数文化了，美食文化、风景文化、民族文化等，而新疆所蕴含的独特文化是吸引一批又一批人前往新疆旅游的主要原因。新疆独特的地理气候条件，因为其为内陆，多为干旱天气，昼夜温差大，造就了其甘甜可口的瓜果，以及特色食物馕等都是吸引人的一大因素。除此之外，当地各民族的习俗也是如此的迷人。

　　到达新疆后，发现乌鲁木齐等城市与沿海周边城市一样，一样的高楼耸立，一样的井然有序，宛如一朵鲜花绽放在这广袤的沙棘林中。但是，新疆土地沙漠化严重，是什么支持着这些城市能够安然伫立于其中呢，这个问题在我心中久久不能散去。直到我们遇见了新疆的两个卫士——"胡杨"与"塔里木河"。要想真正了解新疆，这两个卫士是必须去了解的。

疆边卫士，塔河胡杨

　　就如说起北京，大家不约而同地想起天安门、故宫一样，说起新疆，胡杨的模样就会呈现在我们的脑海中。在库车千佛洞和敦煌铁匠沟第三纪古新世地层中部发现了的胡杨的化石，至少也有6 500万年的历史。《后汉书·西域传》和《水经注》都记载着塔里木盆地有胡桐（梧桐），也就是胡杨。维吾尔语称胡杨为托克拉克，意为"最美丽的树"。由于胡杨具有惊人的抗干旱、御风沙、耐盐碱的能力，能顽强地生存繁衍于沙漠之中，因而被人们赞誉为"沙漠英雄树"。

　　直至今天，胡杨在新疆仍有大片的生长聚集地。它作为最古老的杨树种之一存活至今是具有原因的，在干旱少雨的沙漠地带，胡杨可以扎根进地下五十多米，顽强地撑起一片绿洲。因为其极强的生命力和生态效益特性，后人称胡杨"生而一千年不死，死而一千年不倒，倒而一千年不朽"，朽后它的根系仍能牢牢地扎根在土地里，固定在沙堆中，继续顽强地为生态服务。此外，它的细胞液的浓度很大，能使它从地下的碱水中吸取水分，同时其自身也有特殊机能，使其不受碱水影响。当自身体内碱成分过高后，它会向外排碱，样貌像极了眼泪，因此又被称为"胡杨泪"，除了可以食用外，还有治肚子痛等功效，工业上还可以制造肥皂、革等。在路途上我们遇见了一片又一片的胡杨林，有树苗新生的，有成年茂盛的，也有垂死不倒的，它们一代又一代地扎根在新疆，守卫着新疆。

　　说起卫士，可能大家只会想起胡杨林，但是新疆还有一个卫士——塔里木河。如果将胡杨比作成士兵，那塔里木河便是后勤保障，保证士兵都能健康强壮。塔里木河是我国最长的内陆河，塔里木河流域是环塔里盆地的阿克苏河、喀什噶尔河、叶尔羌河等九大水系144条河流的总称，流域总面积102万km²，据2014年统计资料，流域总人口1 204万人，灌溉面积4 594万亩，水资源总量401.8亿m³。虽然胡杨抗干旱能力极强，但是这不代表它不需要水源。塔里木河作为主要的水源，给胡杨林生长带来极大的支持。首先，塔里木河的周边有着极其广泛的胡杨林带，其次，它还间接提升地下水位，为胡杨的生长提供极其重要的生长条件。

拔地高楼，神笔马良

　　以前，新疆的土地沙漠化还没这么严重，但在开发发展后，塔里木河流域生态受到严重破坏，胡杨林大片死亡，貌似向着衰亡的方向发展。直到出现了这么一批人，他们积极努力地向中央政府申请保护治理资金，认真整理塔里木河流域现状资料，制定相关政策，基层工作人员定时巡逻监察，确保塔里木河水质资源合理分配。可能有些人不太理解为什么要花费这么多的精力和资金去治理它。当初，为了发展新疆经济，政策鼓励人们去开荒种植，但是过度的开荒导致水资源浪费，打井现象严重，一度导致新疆地下水临界水源下降了十几米，周边胡杨林大片枯死。土地沙漠化日益严重，沙漠化意味着它再也回不到以往生机盎然的样子了。当看到新疆的地图，你会发现天山将新疆分为南疆和北疆，周围遍布着塔克拉玛干等沙漠，它们像是硫酸一样侵蚀着新疆的土地，正是胡杨卫士围绕着各个城市，方可保护好它。在以前沙尘暴发生的时候，一度有着黄沙漫天，遮天蔽日的现象，而胡杨有防沙尘的功效，很好地阻绝了这种现象。

　　在当地林业局、塔河干流管理局、水利局等工作部门的努力下，几经断流的塔里木河恢复了原来的生机，仔细一想，这占着国土面积约六分之一的土地，仅仅两千多万人的人口，越发觉得他们工作的艰辛和不易。在早期条件还不好的情况下，当地塔里木河管理基站的工作人员可能三四个月才能回去，只能靠自己种植才能吃上新鲜的蔬菜，需要巡视周边几十千米甚至上百千米的流域情况，是要有多么大的决心和毅力才能完成这些工作。

当然，还有另一批人建设着新疆的城市，这么说可能不太熟悉和了解，但说起新疆生产建设兵团，想必大家就有印象。他们是真正的"铸剑为犁"，在王震将军解放新疆后，毛主席指示，将士们放下手中的兵器去开荒种地，等国家需要你们保卫的时候，再拿起武器。一批批军队进驻新疆，开田破荒，兴建城市，这样才有石河子市等地的繁荣景象。石河子市是在一片乱草丛生的荒地上建设而成的，当初将士们扛着耕地工具硬生生地建设出了一片天地，不难想象他们到底付出了怎样的努力才造就了如今的景象。如今，石河子像个新生的孩童，有着无限的活力和潜力，正茁壮健康发展着。

建国重任，青年担当

不仅仅是新疆，其他地区也是一样，中华人民共和国成立后，每个地区都有无数人挥洒的汗水，才有现在繁荣、安康的社会。我们作为当代的大学生，应力做时代的弄潮儿，利用自身的知识能力优势，投身于国家的建设大潮中去，为国家的繁荣富强而奋斗。这不仅仅是决心和志向，更是时代给予我们的责任和担当。青年服务国家，这句话应该不仅仅存在于口号中，更应该体现在我们的实际行动中，坚持学校的校风"德以明理，学以精工"，为实现中华民族伟大复兴而努力。

2.9 / 胡杨卫士　军垦卫士

北京理工大学生命学院，2016级生物医学工程专业本科生王可欣（图2-9）。

队内工作： 负责全队财务工作。

个人成长： 胡杨世代守护着新疆，新疆人守护着胡杨，我们也该守护着我们的家园。

图2-9　王可欣

　　时光荏苒，7天的生态科考就这样结束了。一路上，我们走访了很多政府部门，听了很多政府官员和中国科学院新疆生态与地质所的老师的报告，实地考察了胡杨林和果园等地。虽然行程紧凑，工作不是一帆风顺，但我们领略了新疆的美好风光，感受到了很多在学校感受不到的人情冷暖，也了解了很多从文献中无法得知的当地生态地理情况。

塔克拉玛干与胡杨

　　在旅途中，我们领略了新疆美丽如画的生态环境。在生态科考行程中，塔里木河的沿岸，那里郁郁葱葱，有丰富多样的植被，红柳和胡杨相依相伴。看着现在的茂盛植被，谁又可曾想到十多年前，那里因为开垦荒地和环境的污染是个荒凉的戈壁。无独有偶，塔克拉玛干沙漠在维语中的意思有"进去出不来"的意思，因此塔克拉玛干大沙漠又称为"死亡之海"，是中国最大的沙漠，也是世界第十大沙漠，同时也是世界第二大流动沙漠。整个沙漠东西长约1 000km，南北宽约400km，面积达33万km²。平均年降水不超过100mm，最低只有四五毫米；而平均蒸发量却高达2 500～3 400mm。这里，金字塔形的沙丘屹立于平原以上300m。狂风能将沙墙吹起，高度可达其3倍。而当地人在和我们聊天的时候提到过当地人代代相传，那里曾经郁郁葱葱，有水有树，被当地人称为宝藏。然而在开垦后，我们再去那里，剩下的只是无尽的荒漠。一棵棵枯萎的胡杨树零星地屹立在荒凉的沙漠里，仿佛在向我们诉说着几十年前那里的繁荣，也仿佛在向我们控诉着这些年人类对环境的破坏。有些事情可以弥补，但是很多错误是弥补不了的。塔里木河沿岸在政府斥巨资的治理和当地塔河干流管理局的管理下，生态环境已经得到了良好的恢复。但在我们沉浸在生态恢复的喜悦中时，塔克拉玛干大沙漠就像是个伤疤，提醒着我们曾经对生态环境犯下的错误和我们在某些生态恶化的阻止上的无力。

石河子与第八师

而在精神上给予我最大的震撼的，应当就是新疆特色的军垦文化了。石河子东部紧邻昌吉回族自治州玛纳斯县，面积457 km²。石河子市拥有70万人（2014年），其中少数民族3.6万人，占5.4%。石河子历史上一度是新疆生产建设兵团总部所在地（兵团总部后来迁至自治区首府乌鲁木齐），也是兵团农八师实行师市合一管理体制的一个新兴城市，它是由陶峙岳起义部队改编的中国人民解放军第22兵团官兵建设起来的。石河子市是以农场为依托、以工业为主导，工农结合、城乡结合、农工商一体化的军垦新城，拥有石河子机场、石河子火车站、北疆客运中心等一系列成熟交通设施，是新疆的重要交通枢纽和科教文卫中心，以"戈壁明珠，军垦名城"的美誉著称于世。然而，石河子的建设并不是一蹴而就的，半个多世纪前，毛主席做出指示，现在新疆的建设需要士兵们放下枪杆，扛起锄头，去开垦荒地，等到祖国受到侵害的时候，会再号召他们去保护国家。即便是野战军这样的王牌部队也不例外，越来越多的兵团加入建设。在当时军队刚驻扎在新疆时，都只能住在当地的"土窝子"里，周围杂草丛生，没有一丝城市的气息。然而，如今当我们在高楼上俯瞰石河子市的时候，曾经的贫穷与艰苦早已没了影子，能看到的是一个繁华的城市。这都是当地戍边士兵一锄头一锄头建造起来的。

没有当时他们艰苦的军垦，就没有现在繁华的新疆。反观我们学生，我们现在的条件远远好于当时军垦的士兵，国家的发展如同逆水行舟，不进则退。国家的未来是由我们这群大学生建造的。我们更应该努力学习专业知识，为祖国的建设尽一份自己的绵薄之力。

库尔勒与香梨

除了这些，还有着令人着迷的库尔勒香梨。库尔勒香梨属新疆梨种，维吾尔语名乃西米提或乃西普提。原产于新疆南疆巴音郭楞蒙古自治州、阿克苏等地，至今已有1 300年的栽培历史，为古老地方优良品种。因巴州库尔勒市种植面积最多，种植面积达2.4万亩，年产量在1 000t以上，远销美国、东南亚等国家及我国港、澳地区，该品种因品质最好而得名。库尔勒香梨是一个地域性极强的名优特优良品种，也是该地区甚至全国最优异的地方梨品种之一。新疆独特的土壤性质和气候造就了其名牌库尔勒香梨，极大的昼夜温差和独特的盐碱地，使库尔勒的香梨成为独一无二的香梨品种，因此，库尔勒香梨的名声、口感享誉全国。

关于香梨还有着这么一段小故事，很久以前，库尔勒还没有香梨，维吾尔族姑娘艾丽曼的父亲受乡亲们的委托，到很远很远的地方去引种外地梨来与本地的梨树嫁接。为了让乡亲们吃上香甜可口的梨子，艾丽曼的父亲不畏艰难，翻沙山、走戈壁，朝东翻越99座山，到过99个地方，骑死99头毛驴，历尽千辛万苦，引来99枝梨苗。为了不让梨苗在途中干枯，他将"卡瓦"（维语南瓜）籽掏空，把梨苗放在里面保湿。就这样，仍然只有一棵梨苗被嫁接成活。这棵成活的梨树生长旺盛，结出的梨很娇嫩，落地即碎，变成银子。艾丽曼想把这棵梨树分给乡亲们去嫁接，让大家都过上好日子。艾丽曼家的梨树能生财宝的消息让"巴依"（地主）卡比匄知道了，他想独霸这棵宝树，就设计害死了艾丽曼的父亲，并派人强行要将梨树挖走，栽到其庄园里。艾丽曼和乡亲们奋力保护着梨树，使卡比匄的企图未能得逞，他恼羞成怒，扬言他得不到的宝树，谁也别想得到它。一个漆黑的风雨大作的夜晚，卡比匄的人溜进了艾丽曼家的院子，举起斧子向宝树砍去。砍伐声惊醒了艾丽曼，她勇敢地冲上去与坏人搏斗，最后倒在了血泊中。第二年春天，被砍掉的梨树桩上发出了99根新鲜的枝条，乡亲们为纪念艾丽曼和她的父亲，将

99根枝条嫁接到各家的本地梨树上，新接的梨树虽然不再结财宝，但结的梨子黄绿带红，状如宝石，不但甜美多汁，还有一种浓郁的香气，随风飘溢。从此以后，乡亲们就称艾丽曼和她父亲培育的这种梨树结的梨子为"乃西普特"，意思是喷香的梨子，并引种到孔雀河畔的千家万户。

新疆与我

新疆之行转瞬即逝，它是如此的美丽和动人，同时它又是那么令人鼓舞。是辛勤的汗水才造就了如今的新疆，是新疆养育了这么一群美丽的人。作为当代的大学生，我们更应该不忘初心，砥砺前行，为祖国的建设贡献出自己的一份力量。

2.10 / 塔河景　军垦情

图2-10　张琼文

北京理工大学生命学院，2015级生物医学工程专业本科生张琼文（图2-10）。

队内工作： 负责队内实验、后勤物资的购买与保管。

个人感悟： 短暂的生态科考，稍纵即逝，给我们留下的不仅仅是辛苦和劳累，在旅途中，我们还收获了知识与友情，学会了合作与包容。

　　短短7天的时间，稍纵即逝，从华北平原到河西走廊，再至库尔勒，我们穿越大半个中国，将祖国的壮丽山河印在脑海；由塔里木河干流管理局至库尔勒香梨园，我们走近这条南疆人民的母亲河以及她孕育出的富饶土地和热情好客的人们。生态科考一路走来，我们欣赏了塔河的波澜壮阔，体会了沙漠的茫茫千里，目睹了城市的华灯璀璨，但是令我最难忘怀的，还是蕴藏在这些美丽风景背后的故事。

颂塔河卫士

　　扎根基层，任劳任怨，这是对塔里木河的卫士们最恰当的形容。

　　"当我骑着骏马，天山走过，好像又在你的怀里，轻轻地颠簸，当我穿过那炽热的沙漠，你又流进了我的心窝窝，塔里木河，故乡的河。"当王洛宾的《塔里木河》在耳畔响起，脑海中浮现出那一条条潺潺的河流，在大漠孤烟中流淌，静谧又倔强，多么壮丽，多么辽阔。

但是，近五十年来，受气候变化和人类活动的影响，塔里木河干流下游近400 km河道断流，大片胡杨林死亡。为了有效缓解下游生态的严重退化，实现流域经济社会发展与生态保护"双赢"，塔里木河展开了全面的综合治理。塔里木河流域管理局先后启动了19次面向塔里木河下游的生态输水工程，前18次累计向塔里木河下游输送生态水量70.15亿m^3，在多次输水下，下游台特马湖的湖面面积扩大至511 km^2，湖面周围形成了223 km^2的湿地，成了水鸟的天堂，218国道沿线的"绿色走廊"也重新焕发出勃勃生机。这成为新疆深入贯彻落实习近平新时代中国特色社会主义思想，全面贯彻新发展理念，加快推进生态文明建设的一次生动实践。

此次生态科考，我们前往参观了三个塔里木河的管理站——阿其克管理站、乌斯曼管理站和英巴扎管理站。在阿其克管理站，我们了解到，不大的管理站，加上站长，总共也不过18个人，但就是在人力和资源有限的状况下，他们在完成塔河流域中游上万亩地区的供水和水质监测任务的同时，用自己的双手创造了一片盐碱地里的世外桃源。当时，接近下游的这一片土地一片荒凉，甚至生存力强大的胡杨都因为地下水的减少而相继死亡。如今，遍地都是茂盛的红柳和胡杨，成群的绵羊在草场上欢快地吃着草，甚至林中湿地也偶然能窥见白鹭的身影。生态环境因为水的合理调控发生的变化是显而易见的，而这一切都要归功于这些默默工作在人迹罕至之地的他们。管理站里也是一片温馨的景象：挂满果实的葡萄藤，一茬茬整齐的玉米，点缀在碧绿叶片中的红色辣椒。

在走访塔管局林业局，走进人工种植胡杨林林区后，我们感受到在干旱区里养一棵树的不易，十年二十年，一棵棵胡杨在荒山上生长，戈壁荒漠，渐渐有了一点点、一片片绿色的点缀。在我们感叹胡杨生命力顽强的同时，也对这些默默无闻的护林人心生敬意。条件艰苦，一代代塔河卫士，初心不变，忠守岗位的他们，是我们一直学习的榜样。

习军垦文化

艰苦创业，激情燃烧。

"献了青春献终生，献了终生献子孙。"这个朗朗上口的句子，是对戍守边疆的军人们最真实的描述。一道命令，数万军人历经五十多天，披星戴月奔赴这个寸草不生的地方，踏上了漫长的垦荒之路。

在军垦第一连中，立着不少垦荒时期的标语，"野大葱，清水汤，三餐窝头都一样，实难下咽还得吃，不然干活饿得慌"，当时的条件之恶劣，可想而知。就是在这样的条件下，"戈壁滩上建花园"，这样一个豪迈美好的想法，在无数屯垦戍边军民的努力下，艰难却坚定地一步步实现着。为了边疆的建设，为了美好的梦想，他们献出了自己的青春、终身乃至子孙。

他们默默地奉献，只为建设祖国，别无他求。"白雪罩祁连，乌云盖山巅，草原秋风狂，凯歌进新疆。"戈壁明珠，军垦名城石河子，是无数军垦人以极其坚韧的毅力，用双手、用血与火铸造的一座生命丰碑。

当时条件艰苦，兵团就把一年发一套军棉衣改为两年甚至三年发一套，把一年发两套的军单衣改为一年发一套，军装的口袋也由四个改为两个。战士们的衣物磨损非常严重，长袖剪成了短袖，单衣磨得像渔网。

再铸辉煌，千古之策。

如今，石河子市与50年前已有天壤之别，道路两旁是成荫的绿树，纵横交错的交通设施，构成了城市的骨架，推动着这个年轻的城市向国际化、现代化步步迈进。"我到过许多地方，数这座城市最年轻，它是这样漂亮，令人一见倾心，不是瀚海蜃楼，不是蓬莱仙境，它的一草一木，都由血汗凝成……"，诗人艾青曾这样饱含深情地赞美石河子，这颗"戈壁滩上的明珠"。

50年前，一支从解放全中国的战场上走出来的人民解放军队伍开进了新疆戈壁荒原，开始了史无前例的军垦事业，它肩负的任务是屯垦戍边。50年后，这支称为新疆生产建设兵团的部队创造了巨大的物质财富和精神财富，为维护新疆稳定和祖国统一，保卫祖国西北边境的安宁，建立了卓著的功勋，对增进民族团结做出了自己的贡献。它虽是我国在多年屯垦戍边历史的延续，但其伟大创造远远超越了历史上各朝各代的总和，成为中华民族发展史上的壮举，也是中国共产党的先进性标志之一，是中国社会主义建设史上的丰碑，是改革开放的累累硕果，更是来自祖国各地的十几万解放军官兵和自愿支边的有志青年，用青春、用热血、用生命谱写出的一部可歌可泣的历史。

当年的老兵团青年，用枪蘸着青春的热血，书写了捍卫祖国神圣领土的凯歌，用锄头蘸着无数的汗水，书写出了建设边疆的颂歌，用与延安精神一脉相传的兵团精神，书写出了悠长高亢的西部赞歌，这些歌将激励我们新时代的青年们，在这山河壮丽的祖国热土上学习、工作、奋斗和奉献。

担时代重任

是怎样的梦想才能支持塔河卫士们在沙漠中种出绿洲，是怎样的意志才能使垦荒军人们在戈壁里建出花园，是怎样的热爱让科考人在13年里前赴后继，将足迹遍布祖国的大好河山。我想这应该就是我们每个人的初心吧！回望走来的一路，我感受到的不仅是文化与美景相融合的魅力，更看到了不畏艰苦的人们给当地带来的变化和发展，他们像蜡烛为人照明那样，有一分热，发一分光，忠诚而踏实地为人类伟大事业贡献自己的力量。感谢这次科考，让我收获了这段难忘的记忆；感恩这片土地，给予我成长，更让我明白"青年服务国家"背后的重担，"团结、紧张、求真、力行"的精神将成为一笔宝贵财富伴随着我一路向前，希望在未来的日子我们也能为新疆的发展贡献一份北理工学子的力量。

2.11 / 以科考之眼重识新疆

图2-11　阿曼姑丽

北京理工大学生命学院，2016级生物技术专业本科生阿曼姑丽（图2-11）。

队内工作： 负责协助沟通与向导。

个人感悟： 重新认识到家乡的发展，亲眼看见民族团结。因为生态科考队，学会了怎么去了解社会，怎么进行实践调研。

8月7日，我们北京理工大学生态科考团新疆队满怀激动与期望前往新疆，进行本次暑期社会实践活动。本次生态科考让人难忘，虽然艰苦，但给人留下很多无法忘记的回忆与经历。

珍惜时间，珍惜经历

8月7日下午，火车从北京向新疆出发。最初，让每个人担心的是如何度过火车里的漫漫长夜，30多个小时不能一直睡，又不能下去，车里空间那么小……不同的人有着不同的焦虑。例如，我最初担心卧铺适应困难，然而上车后所有的疑虑都消失了，虽然团队里的同学互相不认识，但是我们坐在一起聊天、玩游戏，完全忘记了身在火车中，这是我坐火车以来第一次有这样的感觉，不再孤单、不再伤心，团队里的人有说有笑，像是一家人一样。火车上的那几天让我们彼此熟悉，让我们对这次生态科考的目标更加肯定。

晚上，我是最早睡觉的，然而跟我一起住的同学做推送做到凌晨三四点才会休息，现在想起来这样的精神确实是我所缺乏的。以前在学校我总是拖团队的"后腿"，给人承诺却没有按时做，然而这次我却在我同龄人身上看到了与我相反的珍贵的东西：责任感，团队意识。生态科考队里每个人都有自己的任务，我和大家去过的地方一样，然而总感觉我对团队的付出少了。别人通宵做任务，而我……生态科考团的任务是进行调研，而在主业之外，我学会了如何向别人学习、如何安排时间，孰轻孰重慢慢在意识里清晰了。在学校有时作业不想做，任务不想交……各种不好的经历，好多来源于两个字——心情。心情好的时候再难的事也会做，把每件事做得有条不紊，然而有时候一旦看着手机，好多事情就都堆了下来，之后就发现自己这几天都不知在干什么，这次生态科考我学会了如何面对这种情况：给自己定个时间表把每件事安排下来，空闲时间再做其余的事，就如这次生态科考我们在乌鲁木齐有一整个下午是没有安排活动的，所以去外面转了一下。我意识到并不是所有的事情都看心情，更多时候应该用理智去安排，我经历过很多次随心而动的时候，而如今发现了解决办法：遇到事情不要太激动，也不要视而不见，先静下来好好考虑一下这个任务什么时候做，怎么做。我意识到，如果我拖延了任务的完成，就拖了整个团队的成绩，如果我没有去执行给我安排的任务，就是辜负了大家科考那些日子的辛苦……

这次生态科考的经历让我更加理解了大学生为什么要参加团队活动，因为要形成集体意识，因为要了解身边的人、了解社会，更是因为从别人那里学会别人的长处，发现自己的短处，及时改正。感谢有了这次经历，我学会了很多，我也会珍惜这次科考的经历。

向人学习，自我反思

在好多人的潜意识里新疆是个布满荒漠的地方，然而新疆也有绿洲，这次科考连我自己也惊呆了。前一天明明是在沙漠，第二天却马上到了一片绿意盎然的地方。

我们为了研究胡杨，为了研究塔里木河干流，所以白天一直坐在汽车上观看路边的胡杨，也到了不同的干流管理分局。每个人都特别佩服那里的工

作人员——每天进行巡河工作、由于距离与市中心远所以只能自给自足……且不说这些，那里的条件也不是很好。当看到他们时一直坐在汽车里的我们也不敢埋怨了，虽然我们感觉坐在汽车上有些苦，但是他们呢？他们为了保护新疆的母亲河，这么努力，我们做生态科考的不应该更努力吗？有了比较我才知道其实我是多么幸福。在如此艰苦的条件下还能见到他们的笑容，受到他们的热情款待，心里有莫名的暖意和佩服。他们没有丝毫怨言，似乎他们就是为了保护塔里木河而出生在这个世界上。

说起绿洲就想起兵团军垦博物馆。去石河子市我看到了一片绿洲，路的两边都是树，还可以看到好多正在生长的庄稼，当时就想如果能来到这个市区工作就好了，然而后来才知道这片绿洲背后的故事。在新疆解放之前，这里确实是一片荒漠，我看到历史照片时，差点哭了出来——照片上没有草木，好多人手里拿着农具进行开垦，有些人拉犁——这个东西我小时候看过，但是当时用的是牛，而不是人。更让我意外的是，在新疆进行垦荒，建立绿洲的竟然是从内地过去的同胞们，我很崇拜他们，也更加坚定了民族团结的意义。在人烟稀少的天山南北，在寸草不生的大漠深处，他们从零起步，开垦建设，没有想过这是不是他们出生的地方，他们只知道这是新疆，是祖国不可分割的一部分，这个经历给我上了一次难忘的民族团结的课。想要祖国发展，就应该从自我开始，民族团结这个词也深深地烙印在了我的心里。

不忘初衷，坚持自我

我们共同的初衷是新疆生态科考，我们这次生态科考的主题是美丽中国环保科普活动，我们研究的是新疆近几年来文化、自然保护等有关生态的课题，我们去过荒漠、去过沙漠，吃过苦、喊过累。但是，没有停止步伐，因为我们心中有我们的目标。我想，如果仅仅只有我一个人，可能会在中途就选择放弃，然而在团队里我学会了什么叫坚持。我想，如果把每件事都像生态科考旅程那样安排，就一定不会留下任何遗憾。

每次活动我都会有不一样的感受，而科考队教会了我如何面对自己，如何维护民族团结，在面对事情时如何处理。感谢这次生态科考让我有了很大的收获，让我对家乡有了更多的了解。人生有过如此感悟，也不虚这次生态科考。

第三章

科考成果篇

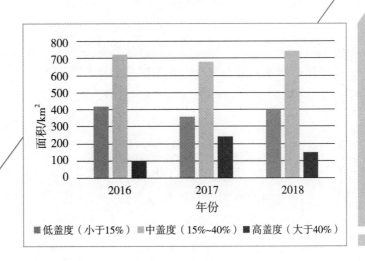

引 言

　　生态科考的主要任务是对科考地生态环境进行调查研究，通过实地调研及数据分析，对当地生态、农林业以及社会发展提供建设性意见。本次新疆生态科考队的队员来自北京理工大学3个不同的学院，在带队老师的指导下，共选定了11个课题方向，其中包括7个自然科学类课题和4个社会科学类课题，涉及新疆当地河流水质状况、农田土壤理化性质、植被覆盖保护情况以及当地文化历史现状等多个调研方向。

　　自然科学类课题主要有：胡杨林的培育和成长研究、新疆库尔勒香梨的种植技术研究、库尔勒农田土壤研究和膜下滴灌的种植模式研究。①"新疆胡杨异形叶相关形态结构形状指标及培育方式调研——以库尔勒市为例"通过测量条形及阔卵形叶片的形态性状指标，以及不同年份、不同叶形，人工及自然胡杨叶片标本粗灰分质量的结构性状指标，研究胡杨不同叶形形态与结构性状关系，及其对胡杨生长的影响，分析胡杨培育的问题及改进方法。②"土壤条件对胡杨种内竞争的影响"通过分析沙漠公路沿线、塔里木河中、上游段的天然胡杨林的水分、盐分、种内竞争因素对其生长成林的影响，为胡杨林的种植、修缮以及沙漠沿线的防沙固林等建设提供参考依据。③"塔里木河流域生态输水对中、上游地区胡杨的影响分析"通过实地考察、走访调查、文献分析等方法，分析生态输水对塔里木河流域中上游地区胡杨林的影响，为实现塔河流域生态环境和社会经济可持续发展，南疆地区的长治久安，提出可行性建议。④"库尔勒香梨种植技术——以沙依东园艺场为例"通过走访沙依东园艺场、库尔勒市林业局，分析库尔勒香梨的种植技术，建议林业部门要加强对果农的宣传和指导，加强各部门之间数据的共享交流，促进库尔勒香梨的品质提升。⑤"香梨树土质与水质成分对比分析——以库尔勒与北京为例"通过分析库尔勒沙依东园艺场和北京大兴庞各庄万亩梨园两地土样和水样的差异，为两地香梨种植的灌溉施肥提出建议。⑥"塔里木河对库尔勒农田土壤成分的影响"通过分析塔里木河干流管理局下属的阿其克站和英巴扎站两个闸口周边农田土样和水样的差异，提出通过塔里木河水的灌溉，并且在施肥时应适量增加氮肥施加量的建议。⑦"干旱地区大田作物膜下滴灌种植模式研究——以棉花为例"通过调研膜下滴灌与地面灌溉及传统滴灌的差别（主要为用水量及产量），分析膜下滴灌未普及的原因并提出改善建议。

　　社会科学类课题则主要涉及新疆环境农业的历史、胡杨林保护的现状以及库尔勒地区和新疆生产建设兵团地区的林业生态的发展研究。①"在屯垦戍边影响下新疆农业与环境历史变迁研究"主要调研了石河子市市容市貌及城市发展，着重描述了新疆生产建设兵团对新疆经济社会发展的影响，以及城市建设所带来的生态环境问题及变化等内容，为新疆生态环境农业发展建言献策。②"塔里木河流域胡杨林保护现状调查"通过政府相关部门走访、座谈交流和调查问卷等方式，探讨了塔里木国家级胡杨自然保护区内胡杨林保护的重要性和现状问题，为进一步加强胡杨林的保护提供参考意见。③"干旱地区林业生态发展情况调研——以库尔勒市为例"通过走访相关部门和群众，获得信息与数据，结合文献分析，提出针对干旱地区林业生态发展的建设性建议。④"干旱/半干旱地区生态农业发展现状及建议——以新疆生产建设兵团为例"通过实地走访与座谈访问结合的调研方法，研究当地生态农业技术并总结其发展模式，另外通过当地与国内外的生态农业发展对比，提出针对新疆地区生态农业发展的建议。

　　本次赴新疆的生态科考共撰写11篇文章，均为短期实践调研成果，一方面锻炼科考队员社会调查和学术研究能力，另一方面也通过实践成果为新疆的生态文明建设和农林业发展提供了帮助与支持，展现了当代大学生的社会责任感与使命感。

屯垦戍边策略下新疆农业与城市变迁概览

郝易炟

北京理工大学生命学院2016级本科生

摘　要： 本文主要介绍了新疆生态环境概况和历史变化，古代屯垦戍边的探索和贡献。在介绍中国人民解放军进军新疆及新疆生产建设兵团概况、新疆生产建设兵团农业分布范围，农业机械化、精细化发展成果的基础上，重点分析屯垦戍边影响下新疆农业生产工具、屯垦戍边调动的人员和工具对不同历史阶段新疆农业、城市发展的影响，为新疆生态环境农业发展建言献策。

关键词： 新疆；生态；水利；兵团；荒漠化；农垦

1 引言

1.1　新疆生态环境概况和变化

新疆荒漠化严重，荒漠占全疆土地总面积的47.7%，干旱少雨，沙漠、土漠、砾漠、盐漠、石漠广布，植被稀疏，还面临如下生态问题：水土流失形势总体在加剧，盐渍化土壤分布广、面积大、河道断流，湖泊萎缩、干涸，湿地减少。

1.2　古代屯垦戍边的探索和贡献

新疆屯垦戍边事业源远流长。早在2000多年前的西汉时期，当时的中央政府就开始在新疆(古称西域)进行"屯垦戍边"并历代相沿，其中尤以西汉、唐、清三朝为鼎盛时期。历史证明，"屯田兴则西域兴，屯田废则西域废"，屯垦戍边成为中国历代王朝治理新疆的千古良策。自西汉以来的屯垦戍边政策在维护新疆稳定、促进新疆经济发展和民族团结等方面取得了显著的效果，对今天新疆地区的稳定和现代化建设具有重要的借鉴作用。

2 研究方法

2.1 访谈研究法

访谈研究法是指调查者根据预定的计划，围绕专门的主题，运用一定的工具（如访谈表）或辅助工具（如录音机、网络、电子邮件等），直接向被调查者口头提问，现场记录回答并由此了解有关社会实际情况的一种方法。

生态科考队联系走访了与本课题有关的塔里木河流域管理局、中国科学院新疆生态与地理研究所（简称新疆生地所）、新疆生产建设兵团第八师，与相关部门负责人进行了座谈，了解和学习了有关兵团农业生产技术，大规模高技术农业生产方式如何推广，地方和兵团用水配额变化和兵团农作物种植品种培育的有关内容，极大丰富了课题内容，获取了所需的数据和第一手资料。

2.2 文献调研法

根据课题所涉及的内容查阅了相关文献资料和有关期刊论文，系统了解了新疆历史、当下的生态环境破坏和治理情况以及新疆生产建设兵团辉煌的历史，从而能够全方面多维度了解生态科考的目的和意义。

2.3 实地调查法

生态科考队不仅注重数据分析和掌握，同样对实地调查投入了很大精力。生态科考队来到石河子市新疆生产建设兵团第八师垦区调查了军垦第一

连即152团1连，在石河子市考察了当地棋盘式的城市规划，在150团10连的农场考查了葡萄藤蔓的生长情况以及先进的滴灌和自动化田间管理技术等。

3 结果与分析

3.1 中国人民解放军进军新疆及新疆生产建设兵团概况

3.1.1 解放新疆

通过在兵团军垦博物馆系统的了解学习，本研究梳理了解放军进军新疆的历程。

1949年8月，第一野战军攻克兰州、西宁后，漏网之敌向河西走廊逃窜，企图逃往新疆苟延残喘，负隅顽抗。新疆"9·25"和平起义后，为迅速完成解放西北全境的重任，中共中央和第一野战军彭德怀司令员命令第一野战军第一兵团所辖的第二、第六军火速进军新疆。11月12日，进军南疆的第二军在郭鹏、王恩茂的率领下，相继到达哈密。11月26日，第二军开始徒步行军，分头进驻巴楚、伽师、喀什等地，并与伊犁来的三区民族军胜利会师。12月5日，第二军一部用半个月的时间从阿克苏出发沿和田河，横穿塔克拉玛干大沙漠，进驻和田，平息叛乱，保护了各族人民的生命财产。

第六军在军长罗元发的率领下，空运与车运并举向北疆各地挺进，于1950年1月3日前到达指定地点，接管防务，维持地方政权。

1949年12月17日，第一兵团部队、三区民族军及陶峙岳起义部队在乌鲁木齐会师，彭德怀、王震等亲临检阅。同日，新疆军区和新疆省人民政府宣告成立，彭德怀为新疆军区司令员兼政治委员，王震为第一副司令员。1950年2月，第二军独立团指战员们冒着-30℃的严寒，顶风冒雪，北穿准噶尔盆地西缘，步行350km，于3月3日抵达承化(现阿勒泰)驻防。

进军新疆，绝非和平进军。进疆部队先后平息了国民党部队在哈密、鄯善、焉耆、轮台、库车等地的二十多起武装叛乱，巩固了新疆和平解放的成果。

人民解放军数万大军在艰难的条件下仅用6个月时间进驻全疆各要地，并接管千里边防，结束了新疆历代有边无防的历史，创造了我军军事史上的一大奇迹。

3.1.2 建设新疆

1954年10月，中央政府命令驻新疆的中国人民解放军第二、第六军大部，第五军大部，第二十二兵团全部，集体就地转业，脱离国防部队序列，组建"中国人民解放军新疆军区生产建设兵团"，该兵团需接受新疆军区和中共中央新疆分局双重领导，其使命是劳武结合、屯垦戍边。兵团由此开始正规化国营农牧场的建设，由原军队自给性生产转为企业化生产，并正式纳入国家计划。当时，兵团总人口17.55万人。此后，全国各地大批优秀青壮年、复转军人、知识分子、科技人员加入兵团行列，投身新疆建设。1954年10月，中国人民解放军新疆军区生产建设兵团成立后，第一师、第二师、第六师隶属兵团建制，编属兵团领导。

1956年5月起，兵团受国家农垦部和新疆维吾尔自治区双重领导。

1962年，新疆伊犁、塔城发生了边民越境事件。根据国家部署，兵团调遣了1.7万余名干部、职工奔赴当地维护社会治安，施行代耕、代牧、代管，并迅速在新疆伊犁、塔城、阿勒泰、哈密和博尔塔拉蒙古自治州等长达2 000km的边境沿线建立了纵深10～30km的边境团场带。这对于稳定新疆、维护国家边防安全发挥了不可替代的重要作用，改善了国家西北边防的战略态势。

1966年1月，整合组建中国人民解放军新疆军区生产建设兵团农业建设第三师。1966年底，兵团总人口达到148.54万人，拥有农牧团场158个。

1966年5月至1976年10月"文化大革命"期间，兵团屯垦戍边事业受到严重破坏。

1975年3月，中国人民解放军新疆军区生产建设兵团建制被撤销。

1981年12月，中央政府决定恢复兵团建制，名称由原来的"中国人民解放军新疆军区生产建设兵团"改为"新疆生产建设兵团"，兵团开始二次创业。

1990年，兵团国民经济和社会发展在国家实行计划单列，为兵团经济发展创造了良好的外部环境。

新疆生产建设兵团是国务院计划单列的省（部）级单位，享有省级的权限，承担着国家赋予的屯垦戍边职责，实行党政军企合一体制，即在自己所

辖垦区内，依照国家和新疆维吾尔自治区的法律、法规，自行管理内部行政、司法事务，受中央政府和新疆维吾尔自治区双重领导。

3.2　新疆生产建设兵团农业分布范围

新疆生产建设兵团的人员大都是从中国人民解放军第一野战军的第一兵团和第二十二兵团转业而来。兵团的党务和税收事务由自治区分管，而行政、司法、经济、财政等则由中央政府管理，并依照国家法律自行管理内部的行政、司法事务。在统计方面，兵团的人口和面积一般都计入地方政府的统计中（兵团9个城市除外），但国民生产总值等则单独列出，不计入自治区的数据。

兵团的团级单位除了团场外，还有农场、牧场等，一般统称为"农牧团场"，行政级别为县处级。团场编以数字番号。9个师实行师市合一体制，如石河子市（1976年1月成立，八师师部），后效仿石河子模式建立的阿拉尔市（2004年1月19日成立，第一师师部）、图木舒克市（2004年1月19日成立，第三师师部驻喀什市）、五家渠市（2004年1月19日成立，六师师部）、北屯市（2011年11月28日成立，十师师部）、铁门关市（2012年12月30日成立，第二师师部驻库尔勒市）、双河市（2014年2月26日成立，第五师师部驻博乐市）、可克达拉市（2015年3月18日成立，第四师师部驻伊宁市）、昆玉市（2016年1月20日成立，第十四师师部驻和田市）。

3.3　石河子市城市发展调查

石河子市人口总量64.53万人，面积6 007km²，主要有汉、回、维吾尔、哈萨克、塔吉克等38个民族。经过细致的调查与访谈，我们了解到，石河子虽为沙漠边缘小城，但在经济社会发展取得的成就令人刮目相看，是天山北坡经济带的枢纽城市，其精细农业领域成就在全国名列前茅，节水滴灌技术和产品达到了国际先进水平。

第八师石河子市拥有特殊的地理位置和气候土壤条件，盛产品质优良的棉花及瓜果蔬菜等，是新疆乃至全国重要的粮、棉、乳制品生产基地。石河子市也是全国最大的节水农业灌溉区和棉田机械化采收示范区，主要农作物种植机械化程度达到96%以上，居全国第一。除此之外，第八师石河子市拥有一个国家级开发区、一个国家级高新区、一个国家级农业科技园区。

生态科考队经过调查了解到，第八师石河子市大力推进城镇化、新型工业化、农业现代化，初步建成了以化工新材料、纺织食品、能源、农业装备等为支柱的新型工业化体系，以棉花、酿酒葡萄、番茄、果蔬和鲜奶、肉牛、生猪等为主的优质农产品生产基地。2017年，第八师石河子市实现生产总值455.62亿元，增长7.1%，城镇常住居民人均可支配收入3.46万元，全口径财政收入73.73亿元，公共财政预算收入38.88亿元。第八师石河子市的人口和经济总量，均占新疆生产建设兵团的1/4。

3.4 兵团农业机械化、精细化发展的成果

兵团的土地面积7.06万km²，占新疆总面积的4.24%，约占全国农垦总面积的1/5，是全国农垦最大的垦区之一。农业机械化是兵团大农业的显著标志。兵团以提高集约化、规模化、劳动生产率为目标，以实现棉花全程机械化为重点，按照结构合理、优化服务、发展均衡、突出重点的原则，加快兵团农业机械化的步伐。特别是西部大开发以来，兵团农机总量稳步增长，装备结构日益优化，农业综合机械化水平逐年提升。到2009年年底，兵团农机总动力338.56万kW，大中型拖拉机2.7万台，小型拖拉机3.7万台，联合收割机及农用车辆2.1万台，配套农具8.9万台（架）。种植业综合机械化水平达到85%，机采棉面积达到100万亩（1亩=666.6m²）以上。

作为兵团主要农产品的棉花，深深享受到了机械化、精细化发展所带来的优势。兵团植棉面积不到新疆的40%，总产量却占到全疆的1/2，以仅占全国9%的棉花播种面积，生产出占全国1/6的棉花，连续排在全国棉花产区的首位，这得益于农业科技和现代农业技术的推广应用。兵团坚持以节水灌溉和农业机械化为突破口，用现代农业生产方式、高端科学技术、企业化管理模式组织农业生产和经营，确保农产品有效供给和生态安全；大力推进农业产业化，培育发展了50多家兵团级农业产业化重点龙头企业；发展各类新型专业合作组织和农产品行业协会150多个，初步建立了龙头企业与基地、职工利益联结机制；实施以"精准选种、精准播种、精准施肥、精准灌溉、精准田间生态监测、精准收获"六大技术为主要内容的精准农业1 200万亩，在国内处于领先水平，部分达到了国际先进水平。

3.5 兵团农作物种类及产量变化情况

生态科考队同样关注了兵团农产品适应市场需求所进行的改变。新疆生产建设兵团以建设全国节水灌溉示范基地、农业机械化推广基地和现代农业示范基地为目标，加快农业结构优化升级，提高农产品竞争力，推进农业产业化经营。精准农业、特色农业发展稳步推进，已建成全国最大的节水灌溉基地和重要的商品棉基地。农业综合机械化水平达到85%，超过全国平均水平。高新节水灌溉面积达到979.39万亩，成为全国最大的节水农业灌溉区；棉花总产量达到113.43万t，占全国棉花总产量的近1/6；机采棉面积超过100万亩，棉花总产量、单产、品质、商品量、调出量、人均占有量和机械化率均居全国首位；番茄、甜菜、啤酒花、哈密瓜、葡萄、香梨、苹果、红枣、枸杞、核桃、石榴等特色农产品的种植规模不断扩大，其中库尔勒香梨、哈密瓜等远销国外市场；番茄酱的生产、出口量在全国处于领先水平，是亚洲最大的番茄生产、加工基地；薰衣草种植、加工量在新疆处于领先地位（表1）。

生态科考队重点走访调查的石河子市也将市场需求和环境承载力视为农业生产的指导，不断调整各农作物种植面积。

表1 兵团第八师近十年的生产数据

| 年份/年 | 全 师 | | 全 师 | 粮 食 | | 棉 花 | | 油 料 | |
	农业总产值/万元	种植业总产值/万元	总播种面积/万亩	面积/万亩	总产量/吨	面积/万亩	总产量/吨	面积/万亩	总产量/吨
2007	615 961	513 332	269.15	12.5	52 597	241.23	297 762	0.09	209
2008	727 007	584 305	268.05	27.51	105 410	215.49	350 459	0.87	2 012
2009	780 141	619 922	281.69	48.83	198 112	191.2	296 010	1.69	3 356
2010	1 100 988	904 983	286.89	31.28	133 764	215.59	327 050	1.08	2 008
2011	1 268 885	951 176	283.32	24.58	94 447	220.15	352 455	1.08	2 950
2012	1 433 458	1 068 215	296.17	29	115 710	234.23	390 188	1.66	4 726
2013	1 539 859	1 136 338	311.63	22.25	95 500	243.5	404 200	3.05	13 836
2014	1 579 118	1 136 602	376.51	27.95	147 859	276.46	463 200	0.7	3 214
2015	1 607 061	1 127 515	393.76	31.28	158 727	282.48	451 968	2.41	5 630
2016	1 811 234	1 284 229	401.61	37.37	225 692	285.9	470 411	1.57	3 935
2017	1 945 970	1 362 531	405.6	25.49	151 645	301.78	502 826	0.42	1 020

3.6 兵团灌溉技术历史变迁

兵团的大部分团场都处在水资源严重缺乏的沙漠边缘和边境一线，发展节水灌溉是实现兵团农业可持续发展的必由之路。20世纪80年代起，兵团在缺水的团场大面积推广喷灌，节水30%左右。同时，兵团也开始尝试大面积耕田应用滴灌技术，1998年获得成功，并迅速在垦区推广，不到10年间就实施825万亩膜下滴灌技术，使传统的大渠漫灌式的浇地变成给农作物"打点滴"，水流顺滴孔直达作物根部，用水量仅为常规灌溉的60%。这期间，兵团天业集团自主开发了价格低廉的实用性滴灌带，再加上兵团自行研发的自压微水头软管技术，大幅度降低了每亩设备平均投入，使滴灌技术走入了普通农户，在全国处于领先地位。到2009年年底，兵团高新节水灌溉达到了979.39万亩。新型灌溉技术的推广，推动了农业生产方式的变革：田间取消了渠道，可节约耕地5%～7%；闸阀控制灌溉，使每人管理定额成倍增长；作物生长环境得到改善，可增产20%左右。

参考文献

[1] 张峰峰.清代新疆布鲁特历史研究（1758—1864）[D].兰州：兰州大学，2016.

[2] 徐磊.晚清治疆研究（1864—1884）[D].西安：陕西师范大学，2016.

[3] 姜刚.军阀时代—清末民国新疆的政治变迁[D].兰州：兰州大学，2012.

[4] 刘虹.清末民国时期新疆汉文化传播研究(1884—1949)[D].西安：陕西师范大学，2012.

[5] 王洁.清朝治理新疆的民族经济政策研究[D].北京：中央民族大学，2012.

[6] 高健.新疆方志文献研究[D].南京：南京师范大学，2014.

[7] 王力.回疆农业政策研究[D].兰州：兰州大学，2010.

[8] 赵海霞.新疆生态变化研究[D].西安：西北大学，2011.

[9] 阚耀平.清代天山北路人口迁移与区域开发研究[D].上海：复旦大学，2003.

[10] 娜拉. 清末民国时期新疆游牧社会研究[D].兰州：兰州大学, 2006.

[11] 王金环. 清代新疆水利开发研究[D].乌鲁木齐：新疆大学, 2004.

[12] 柴富成. 新疆兵团农地制度变迁与绩效问题研究[D].石河子：石河子大学, 2013.

[13] 张凤岐. 秦汉政治制度与农业发展研究[D]. 西安：西北农林科技大学, 2017.

[14] 杨益. 明代官方农贷研究[D]. 西安：西北农林科技大学, 2017.

[15] 刘壮壮. 清代新疆农业开发研究[D]. 西安：西北农林科技大学, 2016.

[16] 高超. 清代新疆城镇与市场发展研究（1757—1911）[D]. 西安：陕西师范大学, 2015.

[17] 白得强. 清至民国南疆地区集市聚落发展演变研究[D]. 西安：陕西师范大学, 2015.

[18] 杨越. 清代奇台—济木萨地区的农业开发及其环境影响[D]. 西安：陕西师范大学, 2012.

[19] 邢卫. 新疆生产建设兵团水利设施兴修与管理研究[D]. 西安：陕西师范大学, 2010.

[20] 陈跃. 南疆历史农牧业地理研究[D]. 西安：西北大学, 2009.

专业名词解释

（1）**军垦**：军队开垦荒地和生产。

（2）**盐渍化**：土壤底层或地下水的盐分随毛管水上升到地表，水分蒸发后，使盐分积累在表层土壤中的过程。

（3）**南疆**：新疆天山以南的部分。

（4）**滴灌**：将具有一定压力的水经管网和滴灌带缓慢而均匀地滴入植物根部附近土壤的一种灌溉方法。

塔里木河流域胡杨林保护现状调查

何 芮

北京理工大学生命学院2016级本科生

摘 要： 在全社会极其注重生态环境的背景下，塔里木河流域胡杨林的保护受到了更多关注。为了更好地采取下一步措施，对塔里木河流域胡杨林保护现状的调查不可或缺。因此，本文通过政府走访、学术交流和民间调查等方式调查探讨了塔里木国家级胡杨自然保护区内胡杨林保护的重要性、现状、存在的问题及应该采取的措施建议。调研后发现生态输水工程不甚完善，政府经济负担大，胡杨繁殖问题严重和现代管理信息化建设不完善是目前主要的问题。就这些问题而言，加大胡杨林保护的宣传力度，吸引社会资金和建设人才，完善生态输水工程应为下一步发展的措施。

关键词： 塔里木河流域；胡杨；保护

1 前言

胡杨（Populuseuphratica）林适应性强，耐寒、耐热、耐盐碱、耐大气干旱，根系发达，抗风力强，对防风固沙、保护农牧业生产具有重要作用。胡杨林的发生与演变具有单优性和非地带性，即在它的生境中从发生到衰老的生命周期没有一个乔木树种能取代。胡杨林沿河而生，一旦河流改道，原有林分也将干枯死亡被流沙埋没。因此，提高对荒漠胡杨林保护的认识，协调流域开发与生态环境保护的关系，保护叶尔羌河流域珍贵的资源，任重而道远。同时，针对胡杨林保护的调研也需要与时俱进，因此本文对于塔里木河流域胡杨林的保护现状进行了调查。

2 胡杨林保护的重要性

2.1 胡杨概述

胡杨又称叶杨、梧桐、胡桐，隶属于杨柳科杨属之新种杨树，为多年生落叶阔叶林，它是第三纪残余的原始树种，距今已有6 500万年以上的历史，被植物学家誉为古代树种的"活化石"，是我国干旱区内陆河流域唯一成林树种，具有挺拔奇特的外形和秋季金黄的叶片。一般树高10～20m，最高28m左右，胸径数10cm直至1m。据说，全世界胡杨90%在中国，中国的胡杨90%在塔里木盆地。仅塔里木盆地胡杨保护区的面积就达3 800km^2。胡杨是塔里木河下游荒漠河岸林的建群树种和应急输水生态恢复的目标植物之一，具有喜光、耐盐碱、耐热、耐旱、耐涝、抗旱等特点，能顽强地生存繁衍于沙漠之中，有"生而不死一千年，死而不倒一千年，倒而不朽一千年"的强大生命力，其历史价值是任何树种所不可相比的，被人们赞誉为"沙漠英雄树"。

2.2 胡杨的保护价值

胡杨是世界上重要的基因库之一，其年代久远，是我国的重点保护植物，在目前胡杨林受到极大破坏的背景下显得更加古老而珍贵。同时，胡杨也是维持塔里木河下游生态稳定的重要因素，它能涵养水源，防风固沙，为各种生物种群提供生长发育和繁殖的适宜环境，其根系对土壤的强大固定能力使得塔里木河下游的胡杨林宛如一条"绿色走廊"，将库鲁克沙漠和塔克拉玛干沙漠分隔开来。除此之外，胡杨林阻止风沙的能力是改善当地居民生活农业环境不可或缺的因素。

2.3 被破坏的胡杨林

在2000年以前，由于人类对水资源的不合理利用而导致塔里木河下游来水不断减少，尤其是1972年大西海子水库建成，致使塔里木河下游320km的河道完全断流，地下水位大幅度下降，再加上人类的滥砍、滥伐，下游胡杨林出现衰败死亡和病虫害蔓延的情况愈发严重。曾经胡杨成林的下游地区，到1958年只有80多万亩，而最严重的20世纪70年代末，胡杨林仅存约25万亩。同时，胡杨林的减少也伴随着土地沙漠化过程加剧，土壤盐碱化及次盐渍化现象加速明显，生物多样性严重受损。

3 胡杨林保护现状调查

3.1 研究方法

本文关于塔里木河流域胡杨林保护现状的调查主要采用以下5种方法：文献调研、实地考察、政府部门走访、学术走访和民间调查。

1. 文献调研

本文研读有关塔里木河胡杨林保护中文文献10余篇，英文文献5篇，主要对塔里木河流域胡杨林的重要性和价值进行了调研，为实地考察和政府部门走访做前期准备。

2. 实地考察

在塔里木河干流管理局和干流中游管理基站的协助下，对塔里木河干流中游300km左右整个胡杨林现状及其周围塔里木河两岸环境和植被种类等进行了实地调查。

3. 政府部门走访

走访的政府部门有巴州水利局、库尔勒市林业局、塔里木河流域干流管理局，主要对胡杨林赖以生存的塔里木河流域及两岸环境进行咨询调查，对于目前政府部门进行胡杨林保护过程中管理的困难之处进行了详细的咨询。

4. 学术走访

对中国科学院新疆生态与地理研究所绿洲生态与荒漠环境实验室进行了学术走访，主要调研了针对塔里木河流域胡杨林的科学保护措施和自然生态方面的困难。

5. 民间调查

通过发放调查问卷的方式，对民众对于近几年的塔里木河流域胡杨林治理情况和目前最大的困难和应该采取的措施进行调查。

3.2 调查区域

本文对塔里木河流域胡杨保护现状调查的实地考察以塔里木河干流中游为主。目前，塔里木河流域是当今世界上原始胡杨林分布最集中、保存最完整、最具代表性的地区，其中在塔里木河干流中游的塔里木胡杨保护区又是该区域胡杨林保护最为完整、最能起到原始本底的地段，所以是最具有代表性的区域。除此之外，其他对于政府部门的调查和在中国科学院的学术走访的调研范围均为整个塔里木河流域。

3.3 调查结果

3.3.1 胡杨林保护现状

目前，在政府有关部门和研究人员的配合下，成立专门机构对塔河上、中、下游进行协同管理，具体措施是采用多水源多路线协同输水的生态输水工程，对破坏比较严重的塔里木河中下游地区进行水资源输入，采用滴灌模式，在节约用水的同时小范围减弱了盐碱化土壤的影响。与此同时，加速塔里木河流域干流中下游棉花地退耕、封井、还水等，采用自然更替方式恢复胡杨林生态。自2001年开始治理以来，胡杨林保护已经有了很大成效，塔河干流中下游地下水位上升，下游干流两岸2km范围内胡杨林恢复较好。

3.3.2 胡杨林保护存在的困难

1. 生态输水工程不够完善

新疆巴音郭勒自治州年降水量50mm左右，并且降雨集中在6—8月份，过去具有水资源时空分布不均的问题，极易干旱，自从采取了建立水库和生态输水措施，很大程度上缓解了此问题。但是近年来生态输水的主要来源博斯腾湖水位下降，输水效率降低，因此，生态输水工程还需要更多完善。

2. 塔河干流下游胡杨繁殖问题

胡杨的繁殖方式分为有性繁殖和无性繁殖两种，其中无性繁殖指胡杨根系的水平发展，有性繁殖指种子繁殖。在塔河下游，由于生态环境的破坏，地下水位下降，胡杨根系发展受到极大限制，无性繁殖受到影响。除此之外，胡杨林种子存活率低，加上胡杨林老化严重，塔河下游胡杨有性繁殖能力低下。因此，胡杨林新幼苗稀少，种群更新换代问题极其严重。

3．政府财政负担问题

对于目前的胡杨林保护产生的效应而言，大部分为生态效应，几乎没有经济效应。而与之相应的是政府部门的大力投入，并且鲜有社会资金给予帮助，因此政府部门的财政负担极大。

4．信息化建设不够

在实地考察的过程中了解到，塔河干流的水资源调控信息化程度低，各种设施发展还比较落后。

3.4 措施建议

1．吸引社会资金

生态输水工程等措施需要更大的资金投入，在政府财政负担大的情况下吸引社会资金的投入是最好的办法，如发展胡杨林塔河旅游业，吸引酒店餐饮、纪念品等社会资金进驻。

2．加大研究投入

目前，生态输水的管理信息化建设，以及胡杨的繁殖问题都需要投入更多的精力去建设、去研究。

3．加大塔河胡杨林保护宣传和人才吸引

通过实地考察与基站管理人员的交流，生态科考队了解到退耕和水政管理方面还有很大的困难，在与当地农民沟通过程中也极易发生冲突。除此之外，基层工作人员一直处于人才缺乏状况，甚至编制岗位多于实际工作人员。因此，还需要加大胡杨林保护宣传：一方面方便政府工作的推进，另一方面也吸引更多人才。

4．改造残林

塔里木河干流下游除了两岸2km内为比较集中的胡杨林以外，其他均为闲散或者是死亡的胡杨树，对于林相残破而没有农垦或不宜农垦的荒地，采用伐除干形扭曲的植株，促进萌芽更新，或挖除根桩使其根蘖更新等方法加以人工改造。

参考文献

[1] 王世绩.全球胡杨林的现状及保护和恢复对策[J].世界林业研究, 1996(06):38-45.

[2] 陈超群.浅析叶尔羌河流域胡杨林的演变规律及生态保护对策[J].新疆环境保护, 2011, 33(03):41-44.

[3] Janneke Westermann, Stefan Zerbe, Dieter Eckstein.Age Structure and Growth of Degraded Populus euphratica Floodplain Forests in North-west China and Perspectives for Their Recovery[J].Journal of Integrative Plant Biology, 2008(05):536-546.

[4] 成文连, 何萍, 李文丹, 等.胡杨林生态旅游环境影响及保护对策——以新疆沙雅胡杨林生态旅游开发为例[J].北方环境, 2012, 24(05):64-68.

[5] 巴哈提古丽·木沙巴依, 朱玉伟.浅谈新疆塔里木盆地河岸胡杨林的病虫害防治措施与生态保护[J].防护林科技, 2013(07):53-55.

[6] 王立明, 张秋良, 殷继艳.额济纳胡杨林生长规律及生物生产力的研究[J].干旱区资源与环境, 2003(02):94-99.

[7] 柴政, 玉米提·哈力克, 王金山, 等.塔里木河下游胡杨林生态效益评价及其保护对策[J].新疆农业科学, 2008(05):916-920.

[8] 马乃喜, 张阳生.塔里木河流域胡杨林带和博斯腾湖水资源的保护[J].西北大学学报(自然科学版), 1986(03):107-112.

[9] Ling Hongbo, Zhang Pei, Xu Hailiang, et al. How to Regenerate and Protect Desert Riparian Populus euphratica Forest in Arid Areas.[J].Scientific Reports, 2015, 5.

[10] 程小玲, 刘淑清.浅议塔里木胡杨保护区胡杨林的保护[J].中南林业调查规划, 2004(01):33-35.

[11] Ling Hongbo, Zhang Pei, Guo Bin, et al. Negative feedback adjustment challenges reconstruction study from tree rings: A study case of response of Populus euphratica to river discontinuous flow and ecological water conveyance[J]. Science of

the Total Environment, 2017, 574.

[12] Si Jianhua, Feng Qi, Cao Shengkui, et al. Water use sources of desert riparian Populus euphratica forests[J]. Environmental Monitoring and Assessment, 2014, 186(9).

[13] Cao Dechang, Li Jingwen, Huang Zhenying, et al. Reproductive Characteristics of a Populus euphratica Population and Prospects for Its Restoration in China[J]. PLOS ONE, 2012, 7(7).

[14] 李武陵, 蔡永立.塔里木河河岸林胡杨的生态保护及可持续利用——以新疆沙雅县为例[J].安徽农业科学, 2011, 39(03):1488-1491.

[15] 李护群, 周荣年, 龙步云.保护、恢复和发展胡杨林的经验[J].新疆林业, 1983(05):12-13.

专业名词解释

生态恢复：生态恢复是指帮助恢复和管理生态完整性的过程，生态完整性包括生物多样性、生态过程和结构、区域和历史关系以及可持续文化实践的变异性的关键范围

生态效应：生物与环境关系密切，两者相互作用，相互协调，保持动态平衡。

新疆胡杨异形叶相关形态结构形状指标与培育方式调研
——以库尔勒市为例

李 冰

北京理工大学 生命学院2016级本科生

摘 要： 胡杨在个体生长发育过程中，依次出现不同叶形，并且在成年植株上自下而上同时具有不同的叶形，叶片自下而上分别为条形、披针形、卵形、阔卵形。为了了解胡杨异形叶形态及结构性状之间联系，对库尔勒市胡杨林进行了考察。通过实验方法测量条形及阔卵形叶片长、宽及叶柄长的形态性状指标，利用SPSS测定指标间相关性。并通过实验测量不同年份、不同叶形、人工及自然胡杨叶片标本粗灰分质量的结构性状指标，分析与形态性状指标之间关系。结合分析结果，总结走访调研及文献阅读所得胡杨种植相关情况，分析种植问题，提出胡杨种植的建议，即在胡杨幼种根系还未纠缠在一起时，对胡杨进行移植；使用大孔径滴灌方法；通过灌水压盐，防止盐碱回翻等。

关键词： 胡杨；异形叶；形态结构性状；植物培育

1 前言

1.1 研究目的及意义

研究胡杨不同叶形形态与结构性状关系，结合文献分析，探究叶形形态性状对胡杨生长的影响，根据胡杨培育现状，分析胡杨培育的问题及改进方法。

1.2 研究对象背景

胡杨也称异叶杨，是杨柳科杨属胡杨亚属植物，多分布于干旱以及盐碱程度高的土地。被誉为"沙漠卫士"，具有抗寒、抗热、抗大气干旱、抗风沙、耐盐碱等优良特性，在调节气候、防风固沙、护岸、防止沙漠外延、稳定河道、保护绿洲等方面发挥了积极作用。随着习近平主席近期对生态文明建设相关理念的提出，胡杨在新疆地区逐渐受到生态建设者的高度重视。

胡杨在生长发育中会根据自身需求而长出多种不同的叶形，植物学上称为"进化异形叶"。叶片作为植物的重要营养器官，其结构性状能反映植物整体的营养情况，从而可初步判断植物的生长态势，根据叶片相关形态和结构性状可简单推测胡杨的培育需求，从而对胡杨培育方法进行调整。

1.3 研究现状

目前，对胡杨的研究主要集中在胡杨叶片形态及解剖特征、生理生态特性、生物学特性、遗传和繁殖及生态价值评估等方面，对胡杨异形叶多从解剖学、生理生态特性角度进行探讨，而在方法上多采用对照实验以及统计学分析方法。

胡杨种植方面的科研工作者对胡杨的研究工作主要集中在形态学、生态生物学特性、人工育种及育苗方面，并相继开展过形态学研究、杂交育种、生态生物学特性、育种遗传机理以及胡杨育苗技术等工作。胡杨繁殖分为有性繁殖和无性繁殖两种，因此培植方法主要为种子育苗和扦插育苗，目前已得出出苗率较高的种子育苗方法。部分人工胡杨林因缺乏地下水，无法实现自主生长，需人工提供水肥以供生存。

2 研究地点及研究方法

2.1 研究地点

本次研究地点选择新疆库尔勒市，该市林业局自2000年开始，每年发起全民植树活动，在龙山荒山区种植近20万亩胡杨。直至目前，最早种植的一批胡杨已有18年树龄。采样观察点分为人工胡杨林和自然胡杨林，其中人工胡杨林荒山地区土地贫瘠，多为石沙地，无地下水，胡杨无法自主生长，需配调护林员长期进行水肥滴灌，因人工照看到位，目前荒山地区胡杨林长势良好，种植间隔4m×1.5m。此外，塔里木河源流之一孔雀河穿过库尔勒市，河岸自然胡杨林众多，且因河岸水肥条件好，长势优良，生长间隔随机。

2.2 研究方法

2.2.1 胡杨叶形划分依据

为了将采集的异形叶片形态性状区分开来，依据叶形划分的标准（叶长与叶宽的比例以及最宽处的位置），将胡杨异形叶划分为四种不同的叶形，即条形（叶长/叶宽≥4）、披针形（2≤叶长/叶宽<4）、卵形（1≤叶长/叶宽<2）、阔卵形（叶长/叶宽<1）。因为实验条件限制，将实验目标定在差异最大的条形（图1）和阔卵形（图2）叶片上。

图1　胡杨条形叶片　　　　图2　胡杨阔卵形叶片

2.2.2　野外调查和样品采集

利用中国科学院新疆生态与地理研究所建立的胸径与树龄间的最优关系模型，可用人工胡杨胸径计算大致树龄。参考人工胡杨林的种植年份以及形态性状，可将其划分为两个年龄段组别用作对照：0～5年组别以及5～10年组别。其中，0～5年组别人工胡杨多为条形叶片，无阔卵形叶片，5～10年组别多数胡杨两种叶片兼有，且有明显分布差异；条形叶片分布于形态学下端，阔卵形分布于形态学上端。

随机选择间隔6m的两株0～5年组别健康人工胡杨，采集条形叶片植物样本Ⅰ、Ⅱ，再次随机选取间隔6m的两株5～10年组别健康人工胡杨，分别采取条形叶片样本Ⅰ、Ⅱ和阔卵形叶片样本Ⅰ、Ⅱ。在河岸自然胡杨林区选取一株健康自然胡杨，采取条形叶片样本Ⅰ、Ⅱ和阔卵形叶片样本Ⅰ、Ⅱ。采集叶片样品时，用信封盛装，方便叶片散失水分，防止叶片腐化；此外，选择成熟叶片，且每份样品中单个叶片之间大小相似，能体现整株植物该种叶片的普遍形态。

2.2.3　叶片相关指标测定

将采集到的叶片晒干，用尺子测量每片叶片的叶长（除叶柄）、叶宽（叶最宽处）、叶柄长，录入Excel，计算长宽比，获得形态性状指标。剪碎叶片样本，每一个样品称量1.0g，置于实验坩埚中，用酒精喷灯灼烧，直至质量基本不变，称量所得粗灰分质量，粗灰分质量能反映植物的营养、储盐情况，本实验将粗灰分作为结构性状指标，记录于Excel备用。

2.2.4　数据分析

根据所得叶片形态数据，参考叶片长宽比，筛去非条形和阔卵形叶片的数据，计算每组样品三项指标平均值（表1，表2），对比同年龄段同种叶片，发现同年龄段之间不同个体的同种叶片在形态性状上会存在直接性大小差异。表1中出现明显的叶片差异，但该差异直接体现为无叶柄。根据文献报道，发现该处无叶柄叶片，在部分叶片分类中与有叶柄者被分作不同叶片，因而该差异应算作不同叶形。此外，不同年龄段个体的同种叶片存在形态性状指标相似的情况，因此同种叶片形态性状指标不受年龄段影响。

表1 人工胡杨条形叶各年龄段形态性状指标

样本	叶长平均值/cm	叶宽平均值/cm	柄长平均值/cm
0~5年龄段样本Ⅰ	7.06	1.58	0.81
0~5年龄段样本Ⅱ	11.14	0.4	**
5~10年龄段样本Ⅰ	12.91	0.69	**
5~10年龄段样本Ⅱ	8.23	1.27	0.79

附注1：**表示数据极小无法测量。

表2 5~10年龄段人工胡杨阔卵形叶形态性状指标

样本	叶长平均值/cm	叶宽平均值/cm	柄长平均值/cm
5~10年龄段样本Ⅰ	3.74	4.91	2.91
5~10年龄段样本Ⅱ	6.17	7.4	5.24

利用SPSS计算两种叶片三个指标之间相关性（表3~表8），可以看到，阔卵形叶片叶长与叶宽以及柄长在数值上的相关性呈现中度正相关，而柄长与叶宽数值相关性达到了高度正相关。在条形叶片中，叶长与柄长呈现弱度负相关，与叶宽呈现弱度正相关，而叶宽与叶柄则呈现出中度正相关。从整体来看，叶宽与柄长始终呈较强相关性，而且强于叶长与柄长相关性，其中N为叶片数量。

表3 阔卵形叶片柄长与叶长相关性

项目	属性	柄长	叶长
叶柄	Pearson 相关性	1	0.73**
	显著性（双侧）		0.000
	N	27	27
叶长	Pearson 相关性	0.73**	1
	显著性（双侧）	0.000	
	N	27	27

注：**表示在0.01 水平（双侧）上显著相关。

表4 阔卵形叶片柄长与叶宽相关性

项目	属性	柄长	叶宽
叶柄	Pearson 相关性	1	0.84**
	显著性（双侧）		0.000
	N	27	27
叶宽	Pearson 相关性	0.84**	1
	显著性（双侧）	0.000	
	N	27	27

注：**表示在 0.01 水平（双侧）上显著相关。

表5 阔卵形叶片叶长与叶宽相关性

项目	属性	叶长	叶宽
叶长	Pearson 相关性	1	0.76**
	显著性（双侧）		0.00
	N	27	27
叶宽	Pearson 相关性	0.76**	1
	显著性（双侧）	0.00	
	N	27	27

注：**表示在 0.01 水平（双侧）上显著相关。

表6 条形叶片柄长与叶宽相关性

项目	属性	柄长	叶宽
茎长	Pearson 相关性	1	0.62**
	显著性（双侧）		0.00
	N	35	35
叶宽	Pearson 相关性	0.62**	1
	显著性（双侧）	0.00	
	N	35	35

注：**表示在 0.01 水平（双侧）上显著相关。

表7 条形叶片柄长与叶长相关性

项目	属性	柄长	叶长
	Pearson 相关性	1	−0.107
茎长	显著性（双侧）		0.542
	N	35	35
	Pearson 相关性	−0.107	1
叶长	显著性（双侧）	0.542	
	N	35	35

表8 条形叶片叶长与叶宽相关性

项目	属性	叶长	叶宽
	Pearson 相关性	1	0.225
叶长	显著性（双侧）		0.194
	N	35	35
	Pearson 相关性	0.225	1
叶宽	显著性（双侧）	0.194	
	N	35	35

因为实验比较粗糙，0～5年龄段人工胡杨和5～10年龄段人工胡杨的粗灰分数据差距和对比参考性较小，因而不予考虑。将5～10年龄段人工胡杨与自然胡杨的同种叶片粗灰分质量进行对比（两组人工胡杨选取数据无失误组）（表9）可以发现：同株胡杨、不同叶形的灰分质量近乎相等，可以得知同单位质量的叶片；不同叶形营养情况和储盐状况是几乎相同的。而人工胡杨和自然胡杨之间的灰分质量则有明显差异，该差异可能为个体差异，也可能为胡杨年龄差异大所致，还有可能为人工与自然营养差异。

表9 不同胡杨不同叶片粗灰分对比

胡杨	条形叶粗灰分/mg	阔卵形叶/mg
5～10年龄段人工胡杨	111	115
自然胡杨	139	137

2.2.5 实地走访调研

本次调研科考队走访了库尔勒市林业局并了解到库尔勒荒山种植人工胡杨林的细节，荒山地区为砂石地，无地下水，盐碱化程度极高，无法提供胡杨正常生存的条件。因此引进以色列滴灌技术，定期对胡杨林进行水肥滴灌。该滴灌技术一方面可以减少蒸发水量、节约水源；另一方面又可将土壤盐分携带渗入深层地下，减小胡杨扎根的浅层土壤盐碱程度。在荒山地区种植的胡杨，遇到雨天时，会因雨水蒸发携带盐分向地表迁移而导致胡杨死亡。此外，因荒山地区无地下水，胡杨无法自主脱离人工水肥生长，需要长期人工培养。荒山地区种植的胡杨树苗皆由农民培育，采取飘种法进行播种，于低碱性土地生长两年，胸径达到0.8~1.0cm时即可转至荒山滴灌培育。

该地的自然胡杨则采取输水工程方法进行保护，输水工程对水的调配可使地下水水位回升，从而使部分缺水而死的胡杨复苏。

另外，胡杨的异形叶在胡杨生长的不同阶段出现，条形叶可以减少水分的散失，提高存活率；阔卵形则可增加光合作用，加快植物生长。通常一株成年胡杨上大多可观察到两种明显不同的叶形，少数无条形叶。

2.2.6 文献调研

通过查阅相关文献，加深了对胡杨异形叶的具体生理结构和功能的了解。此外，通过查找关于胡杨培育保护的综述，深入了解了目前胡杨培育和保护的现状。

3 结果与分析

3.1 胡杨叶形态性状分析

胡杨的同种叶形在同年龄的个体之间存在着个体差异，应为遗传因素所致。因此，同株胡杨在生长过程中所产生的同种叶片在形态性状方面的数值稳定于一个固定数，叶形形态不会因胡杨年份增长而发生变化。

条形叶片形态性状指标中，仅叶片宽度会随着叶柄长度的增长而增长，而阔卵形则叶长和叶宽共同随着叶柄增长，因此阔卵形叶片面积增长速度将

明显快于条形叶片。

3.2 胡杨结构性状与形态性状关系

在同株胡杨中，单位质量叶片储盐和储存营养能力不会因叶形不同而变化，但因叶形不同，叶片面积不同，因而阔卵形总体储盐和储存营养能力更强。文献显示，同种叶片的储盐能力在不同年龄的胡杨中存在区别，成年胡杨储盐能力强于幼年胡杨，因而灰分质量相对更大。

3.3 库尔勒市胡杨种植保护现状和问题

随着输水工程的成功推进以及政府对胡杨和生态保护的高度重视，库尔勒市自然胡杨的生存条件得到了恢复和改善，而且不再存在刻意毁坏胡杨林的情况。

库尔勒市有着大面积的人工胡杨林，运用以色列滴灌技术进行培育，由政府出资管理培育，目前来说较为成功，成效也十分明显，库尔勒的气候因该人工林出现了明显的变化，平均最高气温降低0.8～1℃，平均湿度上升10%，年风沙天气减少15～20天，可见胡杨林改善生态环境的能力是十分卓越的。

令人担忧的是，库尔勒人工林种植时间不长，无法保证胡杨未来的生存条件。实地观察时可明显看见胡杨叶片较为萎靡，应为荒山地区水资源和土壤肥力过于缺乏，人工提供未能达到最佳生长条件。而荒山胡杨种植间隔相对自然胡杨的根系大小来说过于紧密，胡杨长大后可能会造成树与树之间过于紧密，导致光合作用受到影响。此外，胡杨不断生长，树体越大所需的养分和水分也会随之增加。但是，荒山地区土地贫瘠，无地下水，只能长期人工提供水和养分，而滴灌口径始终固定，随着胡杨的生长，人工滴灌的量相对来说会出现不足。该地区人工胡杨林的培养仍存在着一定的风险。

4 结论与展望

4.1 结论

4.4.1 胡杨形态结构性状关系

胡杨的异形叶叶片形态性状受遗传因素影响，不随树龄增长而变化，但是不同叶片的生长与否则根据不同环境而发生变化，使胡杨能更快地应对环境产生的变化。叶片的结构性状会随着树龄增长而变化，同株植物不同叶片的结构性状无较大区别，但因叶片形态性状和生理构造不同，造成两种叶片整体功能有较大区别。

4.4.2 胡杨种植技术总结

胡杨的种子极小且轻，不利于收集，因此民间使用飘种将带种子的枝插于土中使种子自行飘至土面，使其自然出苗，该方法出苗率无法达到极高水准，因此部分专业培养胡杨者会对种子进行处理提高出苗率。种子有性繁殖相对胡杨无性扦插繁殖效果更好更有效，也更为容易，因此胡杨苗多用种子培养。胡杨的幼苗较为脆弱，需要在低盐环境先行培育，长至两年时逐渐拥有较强生存能力，可进行移植种植。胡杨自主生存需要足够深的地下水，否则需要人工提供水以供生存。

4.2 对胡杨种植的建议

库尔勒市人工胡杨林可选择在胡杨渐渐长大，但根系还未纠缠在一起时对胡杨进行移植，调整密度，并尝试使用更大孔径的滴灌管以提供更充足的水资源和养分。针对盐碱回翻的问题，可以尝试在将盐碱灌水下压至深层土壤后，将深层土壤和浅层土壤隔绝开来，防止盐碱的回翻。

参考文献

[1] 黄文娟, 韩铃, 焦培培, 等.胡杨异形叶叶柄长度与叶片形态指标的关系

[J].江苏农业科学, 2017, 45(01):135-137.

[2] 黄文娟, 李志军, 杨赵平, 等.胡杨异形叶结构型性状及其相互关系[J].生态学报, 2010, 30(17):4636-4642.

[3] 张越, 焦培培, 黄文娟.胡杨异形叶矿质养分年内动态特征研究[J].新疆农业科技, 2015(06):34-37.

[4] 付爱红, 陈亚宁, 李卫红.新疆塔里木河下游胡杨不同叶形水势变化研究[J].中国沙漠, 2008(01):83-88.

[5] 李雁玲, 张肖, 冯梅, 等.胡杨(Populus euphratica)异形叶叶片内源激素特征研究[J].塔里木大学学报, 2017, 29(03):7-13.

[6] 杨树德, 陈国仓, 张承烈, 等.胡杨披针形叶与宽卵形叶的渗透调节能力的差异[J].西北植物学报, 2004(09):1583-1588.

[7] 肖磊, 陈宁美, 陈悦, 等.内蒙古与北京地区胡杨异形叶表皮蜡质及气孔形态显微结构差异[J].中央民族大学学报(自然科学版), 2016, 25(03):85-91.

[8] 孙兰菊, 岳国峰, 王金霞, 等.植物耐盐机制的研究进展[J].海洋科学, 2001(04):28-31.

[9] 张丽, 张华新, 杨升, 等.植物耐盐机理的研究进展[J].西南林学院学报, 2010, 30(03):82-86.

[10] 张瑾.胡杨吸盐能力的研究[D].呼和浩特: 内蒙古大学, 2013.

[11] 王文彪, 梁超, 张吉树.我国胡杨繁育技术研究进展[J].江西农业学报, 2013, 25(03):46-49.

[12] 王新英, 史军辉, 刘茂秀.塔里木河流域不同林龄天然胡杨林生物量及养分积累特征[J].西北林学院学报, 2018, 33(03):45-51+105.

[13] 顾亚亚, 张世卿, 李先勇, 等.濒危物种胡杨胸径与树龄关系研究[J].塔里木大学学报, 2013, 25(02):66-69.

[14] 王希义, 徐海量, 凌红波, 等.基于生物量的塔里木河下游胡杨生态经济价值变化特征初探[J].生态科学, 2017, 36(06):83-88.

SPSS：SPSS是世界上最早采用图形菜单驱动界面的统计软件，它最突出的特点就是操作界面极为友好，输出结果美观漂亮。它将几乎所有的功能都以统一、规范的界面展现出来，使用Windows的窗口方式展示各种管理和分析数据方法的功能，对话框展示出各种功能选择项。用户只要掌握一定的Windows操作技能，精通统计分析原理，就可以使用该软件为特定的科研工作服务。

以色列滴灌技术：以色列人最先发现水在同一点上渗入土壤是减少蒸发、高效灌溉及控制水、肥、农药最有效的办法，并且最先研发出相应的先进滴管设备。目前以色列滴灌技术已经发展到了第六代，完全由计算机操纵的滴灌技术，能根据土壤的吸水能力、作物种类、作物生长阶段和气候条件等，可以定时定量定位地把混合了肥料农药的水滴渗到植株的根部，以最少量的水培育出最多最好的果蔬植物。

水肥滴灌：通过滴溉系统施肥，作物在吸收水分的同时吸收养分。

库尔勒香梨种植技术
——以沙依东园艺场为例

李伟倩

北京理工大学生命学院2018级硕士生

摘　要: 本文通过走访沙依东园艺场、库尔勒市林业局调研并分析了库尔勒香梨的种植技术,对库尔勒香梨的种植献计献策:库尔勒香梨的种植技术与其他品种的种植技术并无明显差异;库尔勒地区特殊的气候条件造就了库尔勒香梨的独特口味。库尔勒香梨的种植技术较为成熟,建议林业部门要加强对果农的宣传和指导,按既定标准科学种植;同时,加强各部门之间数据的共享交流,促进库尔勒香梨的品质的稳定和提升。

关键词: 沙依东园艺场;库尔勒香梨;种植技术

1 引言

1.1 沙依东园艺场简介

巴州沙依东园艺场成立于1959年,地处塔克拉玛干大沙漠北缘,位于新疆巴音郭楞蒙古自治州库尔勒市。

目前,沙依东园艺场土地现规划面积6万亩,梨园面积4.2万亩,年均香梨总产2.7万t,园艺产值1.2亿元,实现销售收入6 000余万元。沙依东园艺场已发展成为总资产3.4亿元,拥有固定资产1.2亿元,农、工、商并举的自治区农业产业化重点龙头企业。

1.2 气候条件

园艺场处在典型大陆性气候带，干燥、降水少，日照充足，热量丰富，昼夜温差大。年日照时数3 000～3 500h，昼夜温差平均15℃，7月平均气温25～26℃，极端高温42～43.6℃。1月平均气温-17～-16℃，极端低温-28℃，无霜期180～200天，年均降水量不足40mm。全年多东北风、西南风，平均风速3.0m/s。年有效积温4 300℃，非常适宜瓜果，尤其是库尔勒香梨的生长。由于四季分明，夏季炎热，冬季严寒，给库尔勒香梨生产造就了一个适宜的独特气候条件。

2 研究方法

2.1 实地考察法

考察地点：沙依东园艺场。
考察方式：实地调查、对比、搜集相关资料。

2.2 访问调查法

访问对象：库尔勒市林业局。
访谈方式：一对一访谈、集体访谈。
访谈准备：访谈提纲。

2.3 文献分析法

通过查阅国内文献，了解库尔勒香梨的种植技术，并根据实地调研情况归纳总结。

3 结论与分析

针对库尔勒香梨的修剪技术、土肥水管理、病虫害防治等技术进行归纳总结。

3.1 修剪技术

3.1.1 冬季修剪

成龄梨树的冬季修剪正常进行，但是在"三九"天气修剪时应避免给梨树造成过大、过多的伤口。在修剪中使用"增稠型膏剂易除"涂抹于剪锯伤口处进行杀菌保护，加快伤口愈合，补充树体养分，杜绝腐烂病菌侵染，确保果园及树体的安全性。

1. 幼龄梨树

（1）培养骨干枝，扩大树冠。使全树枝干主次分明，即中央领导干、主枝、侧枝、依次减弱。通过拉、撑、里芽外蹬、背下枝换头等整形手段开张角度，促使中部及内膛多发枝，以扩大树冠、削弱树势并提早结果。

（2）培养结果枝组。对生长强旺的树，由大枝或辅养枝培养成不同类型结果枝组；对强旺枝先放后截，再通过夏季修剪去强留弱和摘心，结果后回缩或短截。

（3）充分利用辅养枝和临时枝结果。适当留辅养枝和临时枝，结果后及时回缩或疏除。

（4）充分利用辅养枝和临时枝结果。适当留辅养枝和临时枝，结果后及时回缩或疏除。

（5）其他促进结果措施。除整形修剪外，还可配合使用环割、环剥和桥状环剥等方法，采用撑、拉、吊扩大枝条角度，缓和树势，促使幼树提早结果。

2. 盛果期树

（1）调整或维持树形骨架结构，培养各级骨干枝，扩大树冠体积。

（2）调整优化各类结果枝组，分布合理，错落有致，通风透光。

（3）疏除密挤枝，回缩过长、过弱枝，更新复壮。控制树冠大小，改善通风透光条件。对骨干枝不做大的变动，树冠封行后，选用延长枝的背下枝或斜生枝进行回缩换头。控制树冠高度在3.5m以内，过高时将中央干回缩到分枝处，对层间大辅养枝进行回缩或疏除，使层间距达1.2～1.5m。适当疏除旺枝，回缩冗细枝。

（4）更新枝组，防止隔年结果。结果枝组按大、中、小1：4：5的比例配置，不断进行培养、利用、控制和更新。对大年树通过冬季修剪、花前复剪、人工或化学疏花疏果控制合理负载量，对小年树采取保花保果措施，控制单株产量。高矮大小适度搭配，对临时株的高度及其冠幅，应及时控制，多采用环剥、扭梢、弯枝、拉枝、摘心、短截、疏除、回缩等方法，控制其生长势，促进其开花结果；对永久株多用抹芽、除萌、拉枝等方法，减少对树体造成创伤和较大的伤口。

3.1.2　夏季修剪

夏季修剪在每年5月中旬至6月上旬进行，疏除过密枝、徒长枝及过旺果台副梢，对主枝背上强旺枝进行改变枝向或摘心。过旺辅养枝进行环剥、环割或回缩，并通过拉、撑、吊等措施改变枝向开张枝条角度和平衡树势。

（1）落头开心。将中心干从基部第三主枝以上约0.1m处锯除，形成大开心形。

（2）更新枝组。疏除密挤枝、下垂枝、冗长枝，回缩过旺枝、长枝，改造徒长枝，占位补空，均衡配置，更新复壮。

（3）合理负载，精细修剪。根据树龄、枝量、花芽量细致修剪，疏除细弱枝、串花、弱花，回缩下垂枝、冗长枝、鸡爪枝，开张背上枝、旺枝角度，达到均衡树势合理负载。

3.2　有机肥管理

3.2.1　有机肥选取

（1）有机肥的培育要以家禽家畜粪便、粉碎杂草为基本原料，按照30%家畜家禽粪便、70%粉碎杂草、适量化学肥料的标准进行配方。

（2）有机肥的堆积要按照家畜家禽粪便、粉碎杂草附加适量化学肥料进行分层堆放，并注水深度融合，发酵时间控制在35～50天。

（3）有机肥发酵堆积点要设在田间地头，按照堆体宽2m，高1.5～2m，

外封塑料、上留气口的方式进行堆放。

3.2.2　基肥

有机肥一般在采收后至土壤结冻前（10—11月）施用。幼树一般每株施加有机肥20kg，盛果期树每株施加有机肥100kg。以树冠外围下方为中心采用弧形或放射状沟进行施肥，施肥深度一般在50cm以下，可以引导根系向下延伸，提高梨树抗冻、抗旱能力。

3.2.3　追肥

土壤追肥在花后及6月中旬各施氮素化肥每株1～2kg，开沟施入。叶面追肥为花后喷一次氨基酸或腐质酸肥料，6—8月喷0.3%～0.5%磷酸二氢钾2～3次。以培养壮树为目标，7—9月严格控施氮肥，增施磷钾肥，使树体营养储备充足。

3.3　水量管理

全年浇水5～7次，田间持水量控制在60%～80%，前促后控。采用沟灌或畦灌，建园时，可采用滴灌，以保证新栽植苗木有较高存活率，避免用大水漫灌。8月20日以后严格控水，促使梨树适时进入休眠，提高抗寒越冬能力。

3.4　土壤管理

1. 深翻改土

分为扩穴深翻和全园深翻。扩穴深翻结合秋施基肥进行，在栽植穴（沟）外挖环状沟或平行沟，沟宽40～60cm，深60～80cm。土壤回填时混以有机肥，表土放在底层，底土放在上层，然后充分灌水，使根土密接。

2. 中耕除草

果园的树盘及时中耕除草，保持土壤疏松，中耕深度为10～15cm。

3. 树盘覆盖和埋草

覆盖材料可选农作物秸秆及田间杂草等，覆盖厚度为10～15cm，上面零星压土。连续3～4年后结合秋施基肥浅翻一次；也可结合深翻开大沟埋草，提高土壤肥力和蓄水能力。

4. 行间生草

行间可适当保留良性杂草，也可间作苜蓿、扁茎黄芪、黑麦草等植物，适期刈割或翻耕，增加有机肥源，改善梨园生态环境。

3.5 病虫害防治

3.5.1 梨黄粉蚜

梨黄粉蚜，异名梨黄粉虫、梨瘤蚜，英文名称Pear phylloxera，属于同翅目根瘤蚜科。国内及新疆主要梨产区都有分布，广布种。此虫食性单一，目前所知此害虫只危害梨，尚无发现其他寄主植物，是库尔勒香梨重要的出口检疫对象（图1）。

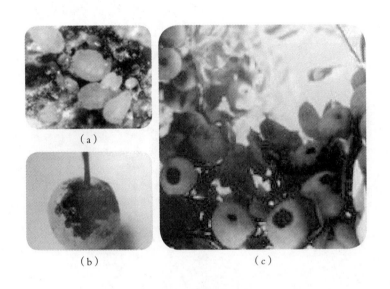

（a）　　　　　　　　　　（b）　　　　　（c）

图1　梨黄粉蚜

（a）成虫及卵；（b）被害果被害状；（c）果园被害状

1. 发生与危害

梨黄粉蚜以成虫、若虫常年群集于梨树枝干翘皮下刺吸嫩皮汁液，营隐蔽生活，大量发生时可造成树体衰弱，经济重要性在于危害果实，降低商品性，不能出口国际高端市场。在新疆梨产区7月中下旬后，部分转移到梨果上危害，集中于果实萼部、两果交接处取食，随着虫量的增加，逐渐蔓延至整个果面，果实表面似一堆堆黄粉，周围有黄褐色晕环。被害部初变黄稍凹陷，后渐变黑腐烂，形成大块黑疤，俗称膏药顶。受害严重的果实，后期形成龟裂，可裂至果心，最后导致果肉腐烂，果实脱落。该虫有时藏匿于果梗

底部、萼洼内，随果实采摘入库，不易察觉，在储藏运输中传播并引起烂果。

2. 形态特征

梨黄粉蚜成虫均为无翅蚜。体呈倒卵圆形，长0.7～0.8mm，鲜黄色，略有光泽。喙发达，伸达腹部前端，触角丝状3节，足短小，均呈淡黑色。无翅，无腹管，尾片上着生4～6根短毛。有性雌成虫体长0.48mm，有性雄成虫体长0.35mm，长椭圆形，口器退化。

梨黄粉蚜越冬卵长约0.33mm，卵椭圆形，淡黄色，有光泽，孵化前出现一对红色眼点。果树生长季节所产夏卵为黄绿色。幼虫为淡黄色，形体与成虫相似。

3. 防治方法

根据梨黄粉蚜的生活习性和危害特点，必须加强农业防治措施和天敌的作用，结合重点物候期进行药剂防治。具体措施如下。

1）农业措施

冬季细致刮除枝干老翘皮，清洁枝干裂缝，以消灭越冬虫卵，减少繁衍栖息场所，刮除老翘皮降低越冬数量效果明显；秋冬季树干刷白。

2）检疫防治

若从疫区调运苗或接穗，应用1～2波美度石硫合剂，浸泡1min，以杀死虫卵。

3）生态措施

主要措施是逐渐变清耕果园为生草果园，改变干燥、高温的小气候；间作适用品种如紫花苜蓿，在果园行间条播种植；健全防护林，培养天敌库源，并可以招引接纳天敌（麦收后最为明显）。

4）药剂防治

在梨树花前，即花芽膨大期至花序分离期，用5波美度石硫合剂或45%晶体石硫合300倍液或95%机油乳剂400～600倍液，喷施，杀死越冬卵。7月以后，根据虫情调查，发现有该虫上果时，选用10%吡虫啉可湿性粉剂3000倍液或阿维菌素类药剂或48%乐斯本乳油1 500倍液叶面喷雾，12～15天一次，严重发生的果园喷施2～3次。套袋梨园，可于套袋前药剂防治，喷雾细致周到，枝干均匀着药。

3.5.2 香梨优斑螟

香梨优斑螟属鳞翅螟蛾科，分布于新疆南北疆各地。仅见新疆报道，1994年经北京农业大学杨集昆教授鉴定定名的一害虫新种。自20世纪80年代后期首次在香梨上发现以来，扩散蔓延，危害日趋严重，香梨受害株率常高达100%，是香梨主要害虫之一（图2）。

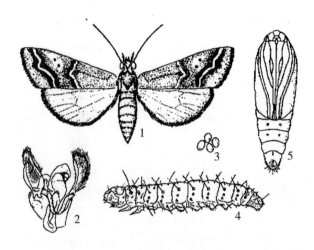

图2　香梨优斑螟

1-成虫；2-雄性外生殖器；3-卵；4-幼虫；5-蛹

1. 发生与危害

以幼虫危害果树、林木的枝、干，在寄主的韧皮部与木质部之间蛀食为害，形成不规则的隧道，影响寄主的生长，严重时造成死枝。蛀孔外常堆集褐色颗粒状粪便，较易识别。幼虫还危害果实，蛀食果肉、果心和种子，往往与梨小食心虫和苹果蠹蛾混合为害梨和苹果，降低果品的品质与产量。该虫危害处常诱发腐烂病发生，造成树势衰弱，甚至死亡。

2. 发生与环境

香梨优斑螟适应于新疆的气候条件，其隐蔽取食、休眠习性抵御不利天气能力强。危害多种果树和防护林，寄主范围广，虫源地多。树龄大，修剪、嫁接伤口较多，冻伤、腐烂病发生严重的果树越多，虫源数量越大。

大规模连片种植模式的果园为香梨优斑螟发生、繁衍提供了稳定的场所，尤其是香梨树为最适宜寄主。

寄主冻害频发、腐烂病严重、树势衰弱、养分供应不足、管理粗放的情况，有利于该虫产生，特别是腐烂病严重的香梨园，该虫往往爆发成灾。

3. 防治方法

严格检疫，加强对苗木、果品及其包装物的检查，阻止该虫的传播。

人工防治2月至3月上中旬刮除老翘皮、病斑处干死树皮，破坏休眠场所。摘除树上虫果，及时拾落果后深埋。清洁果园，清除枯枝落叶，烧毁刮下的树皮。合理修剪，对剪锯伤口涂抹保护剂，防止优斑螟产量。

药剂涂抹冬季刮除老翘皮，发现腐烂病斑处，涂抹防治腐烂病的药剂。果树生长期逐树检查枝干，发现有新鲜虫粪处，及时刮开树皮，挖出虫体，同时涂抹药剂，用防治腐烂病的药剂腐殖酸等加80%敌敌畏乳油30倍液涂抹危害处。

诱杀成虫糖醋诱蛾：利用糖醋液诱杀成虫，时间4月上旬至8月下旬，每亩设置2～4组糖浆碗，及时清除虫尸并加配好的糖醋液。

杀虫灯诱杀：有条件的果园设置频振式杀虫灯，诱杀成蛾，时间为4月中旬至6月上旬，挂置高度3～4m，每盏灯覆盖面积1hm²（公顷）。

化学防治香梨落花后和7月下旬至8月上中旬，用2.5%功夫乳油3 000倍液或48%乐斯本乳油（1 000～2 000）倍液均匀喷雾。

3.5.3 梨茎蜂

香梨茎蜂属于膜翅目茎蜂科，英文名称Janus piri，异名梨梢茎蜂、梨茎锯蜂、折梢虫，略称梨茎蜂。分布于新疆焉耆盆地、库尔勒市、尉犁县、轮台县、阿克苏市、喀什地区等梨产区，尤以库尔勒市危害严重（图3）。

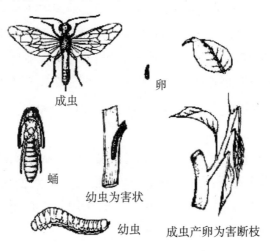

成虫 卵
蛹 幼虫为害状
幼虫 成虫产卵为害断枝

图3 梨茎蜂

1. 发生与危害状

主要危害梨树春梢，雌成蜂用锯状产卵器将新梢折断，受害新梢萎蔫下垂，不久干枯脱落，形成短橛。幼虫蛀食被害梢髓部，虫粪排于蛀孔内，被害梢变黑干枯，形成干橛，影响树体正常生长，特别是对于幼树扩冠、整形，若果苔副梢的危害很大，可能造成僵果。

2. 防治指标

幼龄园防治指标为中度发生，即折梢率达到6%以上，在成虫危害期喷药防治。

成龄园防治适期为严重发生，即折梢率达到50%以上，果苔副梢被害率超过15%，在卵孵化率达到30%以上时喷药防治。

3. 防治方法

香梨茎蜂羽化、产卵盛期正值香梨盛花期，成虫产卵于新梢表皮下，幼虫隐蔽蛀食，防治较为困难，因此对其应综合治理。人工防治结合修剪，剪除虫枝，对不宜剪除的有虫枝条，可用铁丝从干橛处插入1~2 cm，杀死休眠幼虫。在4月中下旬检查折梢情况，人工及时摘除断梢，消灭虫体。药剂防治幼龄园药剂防治适期为成虫羽化高峰期，成龄园防治适期为卵孵化率达到30%以上。

幼龄园发生中度危害，于成虫危害初期，即4月中旬喷施杀虫剂，药剂可选用20%甲氰菊酯乳油2 000倍液喷施等。

成龄园发生严重危害，即折梢率超过50%，果苔副梢被害率超过15%时，在香梨落花后用1.8%阿维菌素乳油加48%毒死蜱乳油1 000倍液喷施。

4. 建议与展望

库尔勒地区的香梨种植总体呈现粗放式的特点。果农为追求眼前的经济利益而忽视了长远的生态保护和社会效益，市场上以次充好、以假乱真的现象对库尔勒香梨的发展造成了不小的冲击。总体而言，库尔勒香梨的种植技术比较成熟，需要政府部门更多地引导果农学习运用科学的生产技术，追求香梨质量，让香梨回归原味，也让市场的乱象得以遏制。

参考文献

[1] 刘月姣.从新疆到内地:库尔勒香梨走了千年[J].农产品市场周刊,2018(07):18-21.

[2] 张峰,李志宏,何子顺,等.近年来库尔勒市香梨产量变化及成因分析[J].新疆农业科学,2013,50(04):689-693.

[3] 于辉莹.新疆库尔勒香梨品牌整合问题研究[D].武汉:华中师范大学,2015.

[4] 黄娟.库尔勒香梨气候品质评价指标及模型的研究[D].南京:南京信息工程大学,2017.

[5] 李楠,廖康,成小龙,等."库尔勒香梨"根系分布特征研究[J].果树学报,2012,29(06):1036-1039.

[6] 张秀花,张庆君,刘长莹.山东德州德玉香梨无公害丰产栽培措施[J].果树实用技术与信息,2017(09):5-7.

[7] 魏朝晖,陈继红,张丽.新疆库尔勒香梨果品质量存在的问题及对策[J].现代农业科技,2018(14):105.

[8] 孙志红,刘艳,张萍,等.新疆巴州地区库尔勒香梨优质高效栽培技术[A].中国园艺学会、中国园艺学会果树专业委员会.第六届全国现代果业标准化示范区创建暨果树优质高效生产技术交流会论文汇编[C]//中国园艺学会,中国园艺学会果树专业委员会:中国园艺学会,2017:3.

[9] 魏朝晖,陈继红,张丽.新疆库尔勒香梨果品质量存在的问题及对策[J].现代农业科技,2018(14):105.

[10] 张萍,寇彬,胡云丹,等.梨树腐烂病发生部位调查及药剂预防试验[J].中国果树,2018(04):59-62.

[11] 颜璐.新疆农户化肥施用影响因素研究[D].乌鲁木齐:新疆农业大学,2011.

[12] 冯永延.发挥地缘优势,加快发展库尔勒香梨产业[J].农村科技,2000(06):18-18.

[13] 张峰,李世强,何子顺.库尔勒香梨产业发展现状与存在问题[J].山西果树,2014(05):40-42.

[14] 井春芝.库尔勒香梨产业问题分析与对策建议[J].西北园艺(综合),2018(04):4-5.

[15] 何子顺,阿衣木古丽·乌布力,杨庆礼.提高新疆库尔勒香梨果品质量的几点建议[J].果树实用技术与信息,2011(08):4-6.

干旱地区林业生态发展情况调研
——以库尔勒市为例

马小岚

北京理工大学生命学院2016级本科生

摘　要： 在国家积极推进林业生态建设的大背景之下，以库尔勒市为例，关注干旱地区林业生态发展情况。通过走访相关部门和群众，获取了相关信息与数据，结合文献分析，得出相应结论。库尔勒市的林业生态正在稳步发展，取得的生态效益可观，但系统管理不完善，科技投入等方面仍需改善，其林业生态建设有较大的发展进步空间。

关键词： 林业生态发展；干旱地区；库尔勒

1 引言

近年来，生态建设、林业生态建设逐渐得到重视，随着国家推进林业生态建设相关政策的发布，各地也都在纷纷开展、落实相关政策。此次调研，以库尔勒市为例，着重关注干旱地区的发展情况，从自然状况、社会状况、实际林业生态建设发展状况等多方面展开调研，以期提出针对干旱地区林业生态发展的建设性建议。

2 调研方法

此次调研，采取的方法有走访调研、实地调研及文献调研三种。

通过走访巴音郭楞蒙古自治州（简称巴州）水利局、库尔勒市林业局及中国科学院新疆生态与地理研究所，了解有关库尔勒林业生态相关方面的情况。

通过实地调查库尔勒龙山人工胡杨林1号种植基地，了解胡杨林种植条件、灌溉等情况。

通过查阅对比国内外相关文献，了解林业的生态发展、干旱地区的林业发展等情况。多方面调研结合，形成对库尔勒市当地林业生态发展的建议等。

3 库尔勒市自然和社会条件

3.1 地理位置和自然概况

3.1.1 地理位置

库尔勒市隶属巴音郭楞蒙古自治州，地处新疆内部，天山南麓，塔里木盆地东北缘。库尔勒市东西长127km，南北宽约105km，总面积7 116.89km²。西面与轮台县相邻，北面与和静县相接，东南与尉犁接壤。

3.1.2 自然概况

1. 地形地貌与土壤条件

库尔勒市地势地貌特征明显，北边依附天山山脉的霍拉山和库鲁克山，南边邻接塔里木盆地，境内有以博斯腾湖为水源的孔雀河且纵贯全市。总体来说，地势北高南低。此外，由孔雀河三角洲、塔里木河冲积平原以及霍拉山、库鲁克山山前冲积洪积平原组成的库尔勒绿洲平原，总面积3 787.04km²，占全市面积的53.2%。

相关调查资料显示，库尔勒市的土壤有7个土类、26个亚类、42个土属、

62个土种。其中以草甸土、潮土为主，土地盐渍化程度严重。

2. 气候特征

库尔勒为干旱地区，属典型暖温带大陆性干旱气候，气候特征为光照充足，热量丰富，降水稀少，蒸发严重，多为干燥，大风较多，无霜期长，昼夜温差大。年平均气温10℃左右，年极端最高气温39.0℃，年极端最低气温-19.4℃，月平均最高温度26.6℃，月平均最低温度-6.6℃；气温年较差34～37℃。库尔勒市主要集中在5—9月降水，降水量少，变率大；山区多，平原少；北部多，南部少。历年平均降水为30.5mm，历年最大降水量为118mm，历年最小降水量为21mm，冬季基本无降雪。库尔勒市的气象灾害主要有干旱、干热风、冻害、霜冻、寒潮、大风和风沙、冷害、暴雨和洪灾、冰雹和雷击等，尤其以干旱、干热风、大风较为严重。

3. 水文情况

1）地表水

库尔勒市境内孔雀河经过，在其境内长271km，可供境内农田、牧区等用水。另外，市境内也有多个渠道从孔雀河引水，孔雀河成为库尔勒市地表水的主要来源。

2）塔里木河

塔里木河由发源于天山山脉的阿克苏河、发源于喀喇昆仑山的叶尔羌河以及和田河汇流而成。其从库尔勒市西南边境流过，自轮台县大坝至尉犁县乌斯曼的74km河段上，有库尔勒市8条引水河（沙衣吉里克河、康拜尔河、艾沙阿基河、艾买尔他合他克河、拉伊河、吾甫尔大不得河、柯尔钦河和沙子河），引塔里木河水来浇灌草场和胡杨林。

3）地下水

库尔勒市地下水年总补给量4亿m³，年可利用量近3亿m³，其补给来源主要由孔雀河、渠道、农田渗漏、大气降水和松散岩系的孔隙水补给。孔雀河干三角洲平原和阿瓦提隆起带是地下水最为富集有供水意义的地区。

3.2 经济与社会条件

人口和民族方面，库尔勒市以汉族人口为主，共有30个民族，其中超过百人的民族有汉、维、回、蒙古、苗、壮、满、土家、俄罗斯9个。整体经济稳步提升，数据显示，2013年库尔勒市实现生产总值653亿元，与2012年相比增长11.7%；地方财政收入50.68亿元。此外，库尔勒市的交通发展良好，它是南北疆的重要交通要道，现已经形成了城乡道路、过境公路、铁路、航空和管道运输等纵横交错的立体交通网，成了新疆境内仅次于首府乌鲁木齐市的第二大交通枢纽。塔里木沙漠公路的建设更是攻克了流动沙漠中修筑上等级公路的一系列世界级难题，项目研究达到了国际领先水平。电力通信发展情况良好，据2014年调查记录，全市邮电通信业全年完成邮电业务总量13 671万元，电话机安装77 563部。教育卫生文化事业全面提升，有望更进一步发展。

4 林业生态发展概况

近些年来，库尔勒市委、市政府十分重视林业发展，重视生态建设，其生态林业的发展紧紧跟随国家发展战略，并能够依据自身实际情况进行合理调整。库尔勒认真落实相关法律法规，如《中华人民共和国森林法》等；依照有关部署，大力防沙育林，植树造林，鼓励全民种植，并加强林业保护管理，林业的生态发展在库尔勒市取得了一定的成效。

4.1 森林资源现况及特点

根据2014年调查结果，库尔勒市森林面积132 217.86hm^2，森林覆盖率19.33%（含葡萄）。林地按工程类别统计，重点公益林经营工程的居多，面积101 604.41 hm^2，占72.87%；"三北"防护林工程19 101.68 hm^2，占13.70%；退耕还林工程7 066.95 hm^2，占5.07%；无工程的林地面积11 653.39 hm^2，占8.36%。

4.2 天然林和人工林情况

天然林中，林种均为防护林，其中胡杨是主要的品种，占天然林面积的80%以上，现占地129万亩。天然乔木林中，又以近熟林为主。而人工林则以经济林居多，据2014年数据，占90%以上，防护林则不足6%。

天然林的保护享受国家管护费，雇有专门的看护人员进行护管。其保护深受国家和库尔勒市当地政府重视。

4.3 生态林情况

生态林主要建设在荒漠化和水土流失严重的地区，均为防护林，生态林占库尔勒全市林地面积的70%以上。

4.4 生态林业发展的产业化推动

生态林业发展进程中的产业化推动，主要以林果业的建设为主，其具有经济林和生态林二合一的功效。就库尔勒市而言，香梨的种植尤为突出，占地43.9万亩。库尔勒香梨因具有色泽悦目、味甜爽滑、香气浓郁、耐久储藏、营养丰富等特点，在果品界打下了扎实的地位，形成了完备的种植、收果、产销体系。除此之外，库尔勒的红枣、苹果也是优质主载品种。

4.5 生态效益

随着大力植树造林、退农退牧、防沙育林、建设"三北"防护林、设立重点公益林防护站、加大人工胡杨林的建设、公园绿化建设等等诸多项目的逐步落实，库尔勒市的林业生态发展自然有了一定推进。生活环境美化，气候改善，据多年数据检测显示，扬沙天气有所减少，7—9月份温度下降0.8~1.2℃，湿度提高10%，这些虽没有确凿数据显示完全归功于林业的生态建设，但也确实与其有着密切的关系。加大对林业发展的重视，推进生态建设，日积月累带来的生态效益不容小觑。

4.6 用水节水

库尔勒属于干旱地区，水资源匮乏，从长远角度来看，用水节水是一个需要时刻考量的问题。库尔勒市整体水质优良，注重节水。节水前农区年用水800 m³，节水后降至250 m³。库尔勒农区节水分布达73%。

5 存在的问题

5.1 生态和经济的平衡

一个城市的发展，经济水平的提升自然是硬指标，而就林业发展而言，推进生态建设，需要大量的资金投入支持，对经济的发展难免会有所影响。这是一个难以权衡的问题，也是一个需要不断摸索的问题。就库尔勒市而言，这个城市的经济水平仍旧需要提升，但在国家战略的引领下和实际形势的考验下，选择了秉持"绿水青山就是金山银山"的理念，以注重生态建设为主，这也是库尔勒近年林业生态推进显著的原因。针对这个平衡问题，相关部门也进行了一些思考和举措，比如推动林区观光旅游，拉动发展；开发林果采摘；吸引社会资本等。但是，经济发展与生态建设的平衡依旧是个难题，还需要投入时间精力去找到恰当的平衡点。

5.2 果农的"短期利益"意识

随着林业生态建设的产业化进程不断推进，经济林和生态林一体的建设模式逐步推广，即林果业的发展推进。而林果业的发展，自然也少不了果农，果农是否有足够的全局意识意义不凡。据了解，部分果农不舍眼前利益，治理病株不够彻底，最终引起更大片的灾害。对于此类情况，仍需要专家或相关指导人员，进行更多的宣传介绍。

5.3 系统管理不够完善

相关部门的领导职能和技术职能仍需要细致划分，相关宣传工作需要进一步落实，林业建设需要的庞大资金和国家财政投入方面的平衡问题等。

5.4 科技力度投入有待提高

据调研了解，库尔勒市的林业生态建设中，科技在水资源节约利用上有所呈现，如滴灌技术，但仍缺乏可自动感应温度、湿度、自动灌水等系统性功能。从整体来说，科技方面的应用还有很大不足，亟须更多的科研投入。

6 加强干旱地区林业生态建设推进的建议

6.1 节水

继续落实节水措施，保护水资源，珍惜水资源，尽可能地提高水资源利用效率，克服干旱地区水资源缺乏的客观因素，切实助力林业生态建设。

6.2 重视科学指导林业生态建设

政府或者特定相关部门应对地区的森林建设做出长远的规划，帮助林业部门明确管理工作的内容，并制定完善的制度作为建设开展的有力依据。通过调查种植区域的立地条件，包括土壤中含有的营养物质，干、湿度情况，不同季节的气候情况，科学地设计种植品种以及整地计划，妥善安排各项工作。

6.3 重视干旱地区林业专业种植技术推广

推广林业种植的专业技术：首先起到的便是保障作用，对于任何一个森林生态系统来说，其生态功能都是相对比较明显的，伴随着生态林业建设系统的发展，其对社会的作用也越来越突出，而这些作用的体现，需要科学的技术作为支撑，需要科学的技术不断推进；其次，以科技带动兴林，切实发挥科技的作用，促进林业建设市场的不断扩大，也可起到一个扶贫作用，可侧面推动经济发展。

6.4 继续推进林业生态建设的产业化进程

林业的生态建设和社会经济发展相协调，其中有效的举措便是推进其产业化进程。一是有保护环境的作用；二是也能提高群众收入，促进社会发展。此外，依着库尔勒发展林果业具有独特的天然优势，也确实不失为一条好道路。

7 结语

在全国推进生态建设的浪潮中，针对干旱地区林业生态的建设，应注重合理科学地利用好各项自然资源，保护生态环境，切实提高当地人们的生产、生活质量，建构和谐的林业体系，确保林业生态健康发展。此次调研以库尔勒市为例，关注了干旱地区林业生态环境，愿能促进林业生态建设，推动库尔勒乃至更多干旱地区的林业发展进程中的生态建设。

参考文献

[1] 杨荒源.分析新疆林业生态建设的可持续发展[J].黑龙江科技信息，2015(21):272.

[2] 胡忠学.干旱地区林业技术推广在生态林业建设中的应用[J].现代农业科技，2018(09):180-181.

[3] 付强.关于新疆林业生态建设可持续发展的思考和探讨[J].福建农业，2015(07):207.

[4] 宁虎森，梁远强，刘海燕.加强新疆林业生态环境建设对策研究[A].中国治沙暨沙业学会.中国治沙暨沙产业研究——庆贺中国治沙暨沙业学会成立10周年（1993—2003）学术论文集[C]//中国治沙暨沙业学会，2003:5.

[5] 刘颖.浅谈新疆林业生态环境的现状与优化措施[J].农业与技术，2015，35(20):90.

[6] 张海军，张娟.新疆林业生态工程资金使用现状及存在问题分析[J].黑龙江生态工程职业学院学报，2008(03):59-60.

[7] 马志忠.新疆林业生态建设的对策[J].新疆人大，2004(06):30-31.

[8] 李娜.新疆林业生态文化体系建设的实践与探索[J].新疆林业，2013(04):23-26.

[9] 李智刚.新疆林业生态系统的健康管理[J].中国农业信息，2015(23):102.

专业名词解释

生态效益：是指人们在生产中依据生态平衡规律，使自然界的生物系统对人类的生产、生活条件和环境条件产生的有益影响和有利效果，它关系到人类生存发展的根本利益和长远利益。

干旱/半干旱地区生态农业发展现状及建议

——以新疆生产建设兵团为例

童薪宇

北京理工大学生命学院 2015级本科生

摘　要：随着社会对生态发展重视程度的提高，传统农业的弊端日益显著，生态农业以其重视环境保护、改善生态环境、提升质量产量的优势在社会生产中得到更为广泛的应用。为了解以新疆为典型代表的干旱/半干旱地区生态农业发展现状，通过实地走访与座谈访问结合的调研方法，研究其生态农业技术，总结其发展模式，关注当地生态农业发展问题，对比国内外生态农业发展模式，提出针对新疆地区生态农业发展的建议，即支持设施农业设备的研发、制造和推广应用，建立以典型带动整体的发展机制；科学利用滴灌技术，减少盐分积累，合理布局生产与生活、生态空间。

关键词：生态农业；新疆；生产建设兵团第八师

1 前言

1.1 生态农业及常用技术概述

1.1.1 生态农业

农业生产是在一个相互联系、关系密切的体系中进行的。常规农业生产往往只见"生产"，不见"生态"与"生活"，或者仅仅重视"高产、优

质、高效"，忽视了"生态、安全"。在中国农业现代化进程中，老的工业化农业模式中那种高投入、高产出、高污染的直线生产模式，由于其快捷、高效曾经得到青睐。

生态农业是在保护、改善农业生态环境的前提下，按照生态学和生态经济学原理，运用系统工程方法，把传统农业技术和现代先进农业技术相结合，充分利用当地的自然和社会资源优势，因地制宜地规划、设计和组织实施的综合农业体系。作为一种新型农业，生态农业使经济效益、社会效益和生态效益协调平衡，与现代农业相比，其促进环境保护、资源节约和生态保育，是生态文明建设的重要组成部分。根据我国生态农业发展特色和模式的特点，结合前人对生态农业模式的定义，可将我国的生态农业模式概括为：以农业可持续发展为目的，按照生态学和经济学原理，根据地域不同，利用现代技术，将各种生产技术有机结合，建立起来的有利于人类生存和自然环境间相互协调，实现经济效益、生态效益、社会效益的全面提高和协调发展的现代化农业产业经营体系。

《中国农业可持续发展规划（2015—2030）》提出，推进生态循环农业发展。到2020年，农业可持续发展取得初步成效，经济、社会、生态效益明显。到2030年，农业可持续发展取得显著成效，供给保障有力、资源利用高效、产地环境良好、生态系统稳定、农民生活富裕、田园风光优美的农业可持续发展新格局基本确立。在中国农业可持续发展分区中，以新疆为代表的西北及长城沿线区属于适度发展区，其主要以水资源高效利用、草畜平衡为核心，突出生态屏障、特色产区、稳农增收五大功能，大力发展旱作节水农业、草食畜牧业、循环农业和生态农业，加强中低产田改造和盐碱地治理，实现生产、生活、生态互利共赢。

1.1.2 生态农业常用技术

生态农业技术大致按目标对象可分为两个方面：一是农业综合利用技术；二是农作废弃物的资源再生技术。其分别从农业种植方式和废弃物利用两个方向实现生态农业。

农业综合利用技术以改善种植环境，提升种植效率为主要目标，又可细分为三种技术方向：一是农业综合整治技术，采用生物措施与工程措施相结合的方法来综合整治农业环境，改善农业种植条件，以新疆为例的生态农业发展中农业环境整治是主要工作之一，以改善土地盐碱化、沙漠化程度为主，提升作物产量；二是农业资源的保护与增值技术，主要包括作物秸秆和动物粪便经堆制、沤制或经制沼气之后回田作肥等，是我国常用的生态农业技术之一；三是立体种养技术，根据物种间对资源利用的互补特性，利用生物间生态位的差异，从而提高对资源的利用率。

农作废弃物的资源再生技术以回收农作废弃物、提升资源利用率为主，主要包括废物还田技术、饲料化利用技术、气化技术、固化、炭化技术、制备复合材料技术、肥料化技术、饲料化技术和燃料化技术。通过多种物理化学及生物方法将农作物废料进行充分利用以达到生态农业的目的。

1.2 新疆干旱/半干旱区农业地理情况及发展特点概述

新疆发展生态农业优势显著。其总面积占中国陆地面积的1/6，农、林、牧可直接利用土地面积10.28亿亩，占全国农、林、牧宜用土地面积的1/10以上。新疆远离海洋，形成明显的温带大陆性气候。气温温差较大，日照时间充足（年日照时间达2 500 ~ 3 500h），降水量少，气候干燥。其气候利于瓜果糖分储存，形成多种特色农作物。2017年，新疆第一产业占GDP比重为15.5%，2017年全年粮食产量1 447.60万t，比上年减产4.3%，但是其粮食产量仍然维持在全国较高水平，尤其是以棉花为主的特色农作物占全国产量第一位（图1，表1）。

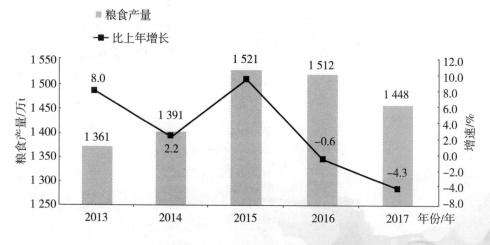

图1　2013—2017年全区粮食产量及增速

表1 新疆主要农作物产量及占全国的比重（2015年）

农作物	棉花	粮食	甜菜	梨	葡萄	油料
全国/万t	629.9	60 193.8	926.0	1 730.1	1 155.0	3 517.0
新疆/万t	351.8	1 377.0	476.5	91.3	223.9	60.6
比重/%	55.8	2.3	51.5	5.3	19.4	1.7
所居位次	1	16	1	8	1	16

新疆虽然土地面积广阔，气候优势显著，但其生态农业发展仍有较大困难：一是土地盐碱化、沙漠化程度高，不利于大多数植物生长；二是水资源分布不均，灌溉用水受限制，普通灌溉无法得到保障，且气候干燥，地表水易于蒸发，普通灌溉效果不佳。以新疆生产建设兵团为例，兵团开垦的农田大部分位于流域中下游地区，原生土壤多为盐碱土。通过建立比较完善的灌溉与排水体系，使盐碱荒地变为高产稳产的绿洲农田，提高了生产力。通过秸秆还田、培育绿肥、增施有机肥等措施，使农田土壤质量有所提高。

2 调研方法

2.1 走访调研法

石河子市是新疆维吾尔自治区直辖县级市，地处天山北麓中段，准噶尔盆地南部，面积460km^2，与新疆生产建设兵团第八师实行师市合一管理体制，由新疆生产建设兵团管理。为了解新疆建设兵团生态农业发展现状，以第八师为例，走访第八师石河子农林牧局，并通过座谈交流的方式，了解兵团建设中生态农业的建设现状，以及其主要应用的技术和未来规划。通过座谈访问，我们得到了关于兵团农业基本建设的详细数据，以及关于滴灌技术改善土地盐碱化的方法过程。

2.2 实地调查法

为了实地了解兵团农业建设模式，生态科考队对兵团所属的红酒葡萄园进行实地调查，了解其规模、管理方法和主要销售模式，参观红酒葡萄种植园，比较在兵团集中化模式下规范种植与普通种植方式的区别。

2.3 文献调研法

为了详细了解兵团农业发展现状及发规划，通过数据反映当地情况，借鉴参考已有研究对于当地发展建议，生态科考队选择文献调研法，通过查阅《新疆维吾尔自治区国民经济和社会发展统计公报》《新疆生产建设兵团发展公报》以及其他文献报道等，参考类似经验方法，形成对兵团生态农业发展的建议。

3 结果与分析

3.1 第八师农业生产基本状况

新疆生产建设兵团第八师（石河子市）含15个团、场、镇，气候温湿，水土资源较丰富，粮食丰富，土地901万亩，水资源分布不均，共16个水库，水量2 176亿m^3，农业用水占89%，阶段缺水问题突出，光热资源丰富，劳动力资源丰富。在全师范围内推广无公害绿色基地建设，共有"三品一标"产品55个，无公害产品26个，绿色产品27个；在全师范围限制农药使用，加强化肥管理，测量土壤指标合理施肥。2017年，农业生产总产值为1 945 970万元，并通过近10年农业生产情况数据可以看出，第八师农业发展稳步提升。其中粮食、油料受播种面积规划及气候影响，其产量有一定波动，但基本较为稳定。棉花作为当地特色作物，种植技术及管理方法都较为成熟，其产量维持在较高水平（图2～图5）。

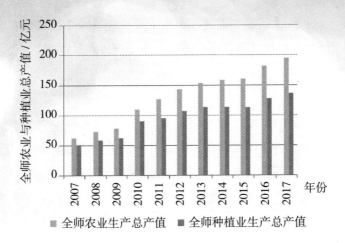

图2 新疆生产建设兵团2007—2017年第八师农业、种植业总产值

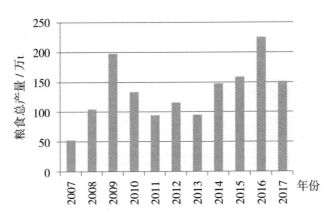

图3 新疆生产建设兵团第八师2007—2017年粮食总产量

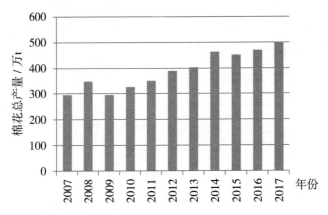

图4 新疆生产建设兵团第八师2007—2017年棉花总产量

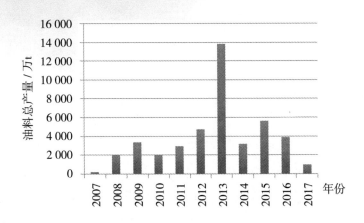

图5　新疆生产建设兵团第八师2007—2017年油料总产量

3.2　第八师生态农业技术使用和创新

新疆兵团开垦的农田大部分位于流域中下游地区，原生土壤多为盐碱土，通过建立比较完善的灌溉与排水体系，使盐碱荒地变为高产稳产的绿洲农田，提高了生产力；通过秸秆还田、培育绿肥、增施有机肥等措施，使农田土壤质量有所提高。通过走访调查和座谈调研的方式，了解到第八师在生态农业发展技术上主要运用农业综合整治技术以及废物还田技术，即以滴灌方式改善土地盐碱化程度，利用棉花、小麦秸秆等进行还田。

3.2.1　滴灌方式改善盐碱化

由于新疆戈壁沙漠土壤盐碱化程度高，不利于作物生产，加上缺少充分的水资源，土壤中的盐碱无法通过大量漫灌的方式及时排出，加剧了土壤盐碱化程度。结合当地环境特点，兵团大面积种植背景下，首先对农业条件进行整治，通过引进以色列滴灌技术，加上集成化浇水，基本解决了土壤盐碱化问题。在第八师400多万亩农田中，有100多万亩盐碱地，最初通过挖排盐碱和竖井排灌的方式排盐碱，但效果并不显著。由于兵团每年灌溉定额为460万～480万m³，水资源匮乏，因此采用节水灌溉技术。自1996年开始，以石河子市为中心，开始试验膜下滴灌技术，并逐步推广。膜下滴灌技术不仅能通过滴灌解决灌溉水紧缺的问题，覆膜方法可以减少地表水的蒸发，增加水资源利用率，同时滴灌能让作物根部远离高盐环境，适于作物生长。采用膜下滴灌技术，每年每亩地能节约水100～120m³。在地下水位较高的区域，通过

深耕和暗管排水，切断来自地下水的盐分蒸发。为保证盐碱的排出，在每年秋季，进行"冬灌"，减少盐分积聚和病虫害，实现丰产，稳产。在2000年左右，兵团滴灌技术已达成熟，并在目前阶段通过当地土壤改良试验站，研究水肥一体化技术，将以液体肥为主，可以减少滴灌技术中滴管堵塞、肥料利用率低的情况。

3.2.2 农作物废物利用

兵团第八师在农作物废物利用上，目前以秸秆回收和沼气利用为主，其中以棉花为主的秸秆还田技术已十分成熟，实现作物秸秆的100%回填。其他作物秸秆中，小麦、玉米等粮食作物秸秆主要用作牛饲料，部分用于沼气。以第八师144团、150团为主的果树种植，其利用果叶进行沼气生产，节能环保效果明显。

3.3 生态农业生产链

作为国家棉花优质棉基地，第八师以棉花生产为主，并下属多家科研单位，针对当地棉花和其他作物种植技术提供帮助。其生产范围广，以棉花为例，其主要采用品种开发、小区试验验证其适应性、再投入农业生产。其种子来源主要由两家科研单位、农业局种子所、6家相关企业提供，通过试验田的方式进行试验并逐步推广。棉花品种主要由厂商主导，以市场为主，通过农林牧局15年整治，其棉花纤维品质得到明显提升。2018年上半年，棉花种植面积增长14万亩以上。在国家优势产业政策保护下，增强对当地农户"三合一"补贴，促进当地棉花产业发展。其棉花主要销往内地及国外。

3.4 生态农业发展模式及存在的问题

目前，新疆地区生态农业主要发展现状如下：

（1）农业生产规模不断扩大，农产品产量提高；

（2）农业基础条件不断改善，生产稳定性提高；

（3）农业生态系统结构不断优化，资源利用效率提高；

（4）农业生态系统物质、技术投入不断增加，生产水平和经济效益显著提高；

（5）市场机制促进了农业资源的优化组合。

面对当前的干旱/半干旱地区的农业发展，新疆生产建设兵团的农业经营经过十几年的发展，有了一定的经验：①制定相关政策，引导设施农业发展方向。近几年兵团相继制定的农机化发展规划、意见中，把设施农业纳入发展重点行列，制定相应的政策，引导和促进设施农业发展。②引导和鼓励农业制造生产厂家研制、生产先进适用的设施农业装备，并对兵团适用的成熟的机械设备进入《支持推广的农业机械产品目录》和《农机购置补贴产品目录》给予支持。③支持和鼓励基层单位设施农业推广应用。对于适合发展设施农业的单位，要求依据市场和环境因地制宜地发展设施农业，并在政策、资金和技术等方面给予倾斜。

经过调研，目前新疆生产建设兵团的生态农业发展还存在以下几个方面的问题：①设施农业设备技术含量和自动化程度较低。兵团除少部分连栋温室和畜牧养殖业设施自动化程度较高外，大部分日光温室和养殖设施的技术含量和可控水平都较低，离全程机械化、现代化的要求还有一定差距。②新疆温室大棚设施运行成本高。新疆冬季温度低，温室大棚需要烧煤加温才能达到作物生长的温度，温室大棚作物成本因此大幅度增加。另外，温室大棚离城市较远，一般都在50～100km，运输需要专用储藏车，交易与运输成本也较南方要高。③畜牧养殖设施不能满足目前生产的需要。国产设备空白或不成系列，在应用中有很大的局限性。国外设备价格高，不享受农机购置补贴，较大规模的引进推广难度大。

除此之外，其发展过程中的生态问题也较为突出：①自然植被退化，生物多样性丧失；②农田土壤次生盐渍化，由于现行的节水灌溉制度缺乏深层渗漏，排水渠无水可排，观测和模拟研究表明，长期膜下滴灌农田土壤存在积盐问题，盐分无法排出灌区是干旱区高效节水灌溉农业可持续发展的一个潜在危机；③绿洲农田防护林退化；④土地沙化；⑤农田土壤污染。

4 新疆生态农业发展结论建议

4.1 政策扶持

针对以上出现的问题并基于已有的农业发展经验，提出以下建议：①鼓励和支持设施农业设备的研发、制造和推广应用，出台相应的发展规划和实施意见；②设施农业的发展环境差异性较大，各地区应根据发展水平、作物种类、市场环境等条件因地制宜地发展；③进一步扩大设施农业设备进入《支持推广的农业机械产品目录》和《农业机械购置补贴产品目录》的范围；④抓紧设施农业产品产销和安全体系的建立，对龙头企业给予扶持，使龙头企业真正成为拉动设施农业产业的动力源。兵团在建设现代农业"三大基地"的过程中，设施农业的发展面临良好的机遇，同时也需要做大量挑战性的工作，开拓创新，不断进取，努力实现设施农业又快又好发展，为新疆和兵团农业发展做出新的贡献。

4.2 生态保护

（1）合理利用开发水资源，在保障农业用水、工业用水等基本需求下，保障生态用水，维护农田周边林区植被，防止土地沙化进一步加深。

（2）继续引进先进并环保的滴灌技术，对覆膜进行回收降解，减少其对环境的污染性。并对化肥使用进行控制，使用绿色化肥，减少其对环境的污染。

（3）建设人工绿洲，限制当地农地开垦，推进退耕还林措施，保护土壤植被。在生态绿洲基础上，建立人工绿洲，最大程度上保护当地现有植被，并增大植被覆盖率。

（4）进一步推进生态农业覆盖，减少污染，使农业生产高效环保地开展。建设农田生态环境，结合当地自然条件，建立各系统稳定和谐的农田生态，保证作物的正常生长和稳定增收，并能对当地生态起到调节作用。

参考文献

[1] 夏月琴,何剑.新疆绿洲生态农业综合效益研究[J].农业环境与发展,2011,28(02):48-51.

[2] 哈尔克木,张新华.新疆生态农业发展问题及对策研究[J].新疆社科论坛,2015(06):77-82.

[3] 叶素丰.《全国农业可持续发展规划(2015—2030年)》发布[J].农产品市场周刊,2015(5):18-18.

[4] 中国人民大学环境学院,李文华,闵庆文,等.生态农业的技术与模式[M].北京:化学工业出版社,2005.

[5] 新疆维吾尔自治区统计局 国家统计局新疆调查总队.新疆维吾尔自治区2017年国民经济和社会发展统计公报[N].新疆日报(汉),2018-04-02(005).

[6] 丁建丽,王宏卫.干旱区绿洲生态农业发展模式研究[J].新疆大学学报(哲学人文社会科学版),2007(02):5-9.

[7] 周宏飞,吴波,王玉刚,等.新疆生产建设兵团农垦生态建设的成就、问题及对策刍议[J].中国科学院院刊,2017,32(01):55-63.

[8] 苏树军.新疆生态农业发展现状及对策研究[J].新疆职业大学学报,2012,20(04):26-31.

专业名词解释

生态保育:包含保护(即针对生物物种与栖地的监测维护)与复育(即针对濒危生物的育种繁殖与对受破坏生态系统的重建)两个内涵。

水肥一体化技术:水肥一体化是借助压力系统(或地形自然落差),将可溶性固体或液体肥料,按土壤养分含量和作物种类的需肥规律和特点,配兑成的肥液与灌溉水一起,通过可控管道系统供水、供肥,使水肥相融后,通过管道和滴头形成滴灌,均匀、定时、定量浸润作物根系发育生长区域,使主要根系土壤始终保持疏松和适宜的含水量。

土壤条件对胡杨种内竞争的影响

汪涵泽

北京理工大学生命学院 2017级本科生

摘　要： 胡杨是极端干旱区唯一能成林的乔木，有异叶特性，并具有有性和无性两种生殖方式。随着全民绿化的开展，胡杨幼苗人工育种技术的进步，其死亡率主要集中于生长成林阶段。由于胡杨育林成功率易受环境条件影响，以及胡杨成林周期过长，导致相关研究部门对此方面因素研究并不充分，幼苗的高死亡率成为进一步推广全民绿化的瓶颈。本文主要研究沙漠公路沿线、塔里木河中、上游段的天然胡杨林，分析其水分、盐分、种内竞争因素对其生长成林的影响。以此得出在不同土壤条件下，胡杨的最优种植距离，以期为胡杨林的种植、修缮乃至沙漠沿线的防沙固林提供参考依据。在近河道处，种间距控制在300～500cm为宜，而在远离河道则以1 200～1 600cm为宜。

关键词： 种内竞争；土壤条件；胡杨育林

1 引言

1.1 胡杨林现状

世界上胡杨林主要分布于非洲北部、地中海沿岸、中亚地区以及我国西北干旱区的河流沿岸。由于地下水位关系，新疆地区的天然胡杨林主要分布于塔里木河干流及其源流支流两岸。由于塔里木河中、上游地下水位不高，农区大量抽取地下水，加重了地下水位的下降，由此也导致了胡杨种内竞争现象的加剧。

竞争是自然界普遍存在的现象。在植物群落之中，相邻的植物个体为了获取适宜自身生长的最佳生长区域，必会与周围植物进行竞争，从而抑制另一个植物个体的正常生长与发育。种内竞争是改善植物种群基因，影响林木形态及存活率的重要因素，长远来看对植物群落的发展有着积极意义，而Hegyi单木竞争指数模型（$CI_i = \sum_{j=1}^{n_i} \dfrac{D_j}{D_i} \times \dfrac{1}{L_{ij}}$，式中：$CI_i$ 为对象木 i 的竞争指数；L_{ij} 为对象木 i 与竞争木 j 之间的距离；D_i 为对象木 i 的胸径；D_j 为对象木 j 的胸径；n_i 为对象木所在竞争单位的竞争木株数）能较好地模拟植物种内竞争关系，因此，它是研究植物种内竞争关系的理想模型。

1.3 土壤养分对胡杨生长的影响

胡杨在不同土壤条件下存在不同的生长策略，其中养分是影响胡杨生长的主要因素之一。过高的盐分会抑制其生长过程中株高、生物量等，同时又能增加其肉质化程度，增加其抗盐性。其中，氮（N）、磷（P）是许多陆地生态系统植物生长的主要限制因子，在N/P比值为2.89～26.67时，其生长受到氮元素和磷元素的共同限制，而随着氮元素的缺乏，胡杨对氮元素的利用效率却会逐渐增加。

1.4 新疆土壤酸碱度现状

我国新疆地区土质基本都为砂质偏碱性，土壤越深其含水量也就越大。在较小范围内土壤含水量相似皆较少，土壤pH值相差不大的条件下，影响胡杨育林成功率的主要因素便是其土壤各类盐分的含量以及种内竞争强度。本研究主要通过采集塔里木河中上游不同地区胡杨林下土壤的理化特征，分析当地土质情况以及胡杨种植密度，将适合不同土壤条件的胡杨最优育林密度加以总结介绍，为当地防沙育林、稳固水土提供建议，以期加快新疆地区生态的改善。

2 研究材料与方法

2.1 研究地概况

塔里木河中上游地区属于大陆腹地中亚暖温带，气候干燥降雨量少，日照长，年日照时数为2 750～3 029h，年太阳辐射总量5 340～6 220MJ/m²，是全国太阳辐射量较多的地方，光热资源十分丰富，昼夜温差大，无霜期平均为209天，年平均气温在9.9～11.5℃，年降水量100.0mm以内，有着冬季干冷、夏季干热的气候特征。其中游为英巴扎至恰拉河段，全长398km。由于远离海洋，处于欧亚大陆腹地，多年平均降水量仅为20mm，而年平均潜在蒸发量却高达2 500～3 000mm，属于大陆性干旱沙漠气候区。

2.2 实地考察采样法

由于当地林业部门对成林胡杨相关数据较为欠缺，类似课题乃至数据采集并不能满足论文的要求，我们选择了实地采样法，与塔里木河中上游两岸和沙漠公路附近进行了土样采集以及胡杨单体竞争指数因素的收集。通过数据的分析比对，并参考干旱地带其他物种的相关数据信息，结合两岸经济、人力乃至土壤因素，得到该地不同土壤条件下的最优胡杨育林密度指数。

2.2.1 土壤样品的采集

1. 采样点的选择

从库尔勒到轮台近300km的路程，选取间隔100km的三个胡杨林作为取样地，并于每个胡杨林地选取多个间隔较远的具有代表性的地点进行土样以及数据采集。

2. 取样方法

在每个采样地布设相距3～15m的取样点，并在每个取样点采集两包土样，分别距地表20cm、40cm处采集，各处采集100g。

3. 保管与标记

去除石块、植物根系等，将土壤晾干后，放入牛皮纸袋中，注上标记。

2.2.2 土壤样品的测定

1. 样品前处理

将干燥的土壤样品充分研磨、过筛、混合均匀后备用。称取烘干后的土壤样品5g，加入50mL蒸馏水，充分搅拌，浸泡，形成土壤浸出液，以此测定土壤的酸碱度和全氮、全磷、全钾含量四项指标。

2. 检测方法

土壤样品的检测方法如表1所示。

表1　土壤样品的检测方法

序号	检测指标	测定方法
1	土壤全氮	共立 WAK–NH$_4$氨氮测试包
2	酸碱度	三合一土壤测试计
3	土壤全磷	共立磷酸（低）WAK–PO$_4$（D）水质检测包
4	土壤全钾	阳江正大钾离子测水试剂盒
5	竞争指数	测定胡杨胸径及其种间距，用Hegyi模型进行计算

3 结果与讨论

3.1　土壤样品生化分析

分析表2可以判断土壤深度与土壤元素及酸碱度的关系。该表显示，土壤深度与全钾、全氮含量呈负相关；与土壤酸碱度成正相关；与全磷含量的相关性并不明显。

1. 土壤的酸碱度和氮、磷、钾的分析研究

（1）酸碱度成因。塔里木河流域土壤呈碱性，甚至某系地点已呈强碱性，这与当地日照时间长、水分蒸发量大的特殊气候现象有很大的关系。塔里木河中的盐分由于渗析作用随水分渗透到了土壤之中，又由于该地日晒强度大，水分蒸发过快从而不能很好地被消耗，导致盐分在壤中逐渐聚集，使土壤碱性逐渐增强，甚至出现盐碱地。

（2）氮、钾元素成因。土壤中氮、钾元素富集于土壤表层，主要来源应为植物掉落物。随着土壤深度的增加，土壤中氮、钾元素含量逐级减少且幅度较为明显，这与当地水分蒸发量大致使微生物分解有机质能力不同有一定的关系。

（3）磷元素成因。在相同土壤条件下，全磷吸附位点的不寻常波动主要源于胡杨根系分泌物的作用。其根系非均匀分布有机酸使胡杨根部不同吸附位点对磷的吸收能力不同，而有机酸的聚集又进一步提高了该位点土壤磷的有效性，致使全磷的活性分布不均匀。

表2 不同采样点酸碱度、全氮、全磷、全钾和单木竞争指数的比较

胸径/cm	种间距/cm	深度/cm	酸碱度	全钾含量/（mg·L⁻¹）	全氮含量/（mg·L⁻¹）	全磷含量/（mg·L⁻¹）
198	380	20	8.67	317	0.1	0.2
198	380	40	9.13	247	0	0.6
332	1560	20	7.6	338	0.2	0.5
332	1560	40	7.65	261	0.1	0.1
290	520	20	7.80	317	0.3	0.1
290	520	40	8.93	233	0.1	0.1
327	1560	20	7.95	331	0.3	0.2
327	1560	40	7.91	247	0.2	0.5
310	520	20	7.84	233	0.1	0.1
310	520	40	7.97	191	0	0.1

根据样品木的胸径、种间距计算其通用Hegyi竞争指数，再研究其与土壤条件的相关性。如图1所示，不同深度，单木竞争指数与土壤条件的关系线性相似；同一深度，竞争指数不同的植被与土壤条件相关程度并不高；不同植株不同采样点处土壤N/P值在0.2~3。

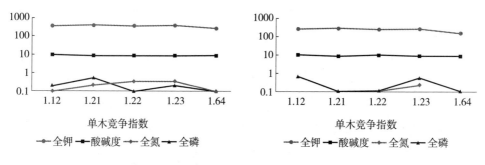

图1 20cm处不同采样点酸碱度和全钾、全氮、全磷含量及单木竞争指数的比较

2. 胡杨与气候和土壤的分析研究

（1）新疆天然胡杨林地地广树稀，其境内胡杨分布主要受水分和气候条件的影响，对土壤条件的竞争需求并不大，只需在一定范围内即可存活并自给自足。

（2）在养分并不短缺而土壤水分保持中轻度威胁时，稳定且较低的土壤氮磷比可维持胡杨的生长率和死亡率，提高胡杨对氮元素的利用率，降低其生长的养分限制。胡杨这一生长特性与其余西北部植被类似。

3.2 土壤理化性质对植物成林密度的影响

3.2.1 土壤酸碱度

土壤的酸碱度是土壤重要的理化特性之一，是土壤各种化学性质的综合反映，其与土壤微生物的活动、土壤有机质的分解合成乃至环境渗析及蒸腾作用的强弱对比都有着重要联系。其主要通过影响土壤养分的存在形式及有效性和植物根尖细胞的活性影响植物对土壤养分的吸收。因此，土壤酸碱性也成为胡杨育林的重要土壤理化指标。

胡杨对土壤的耐碱性能力较强，适宜在碱性土壤环境下生存。而土壤碱性的强弱则会影响其育林密度。当土壤pH值<8，土壤呈弱碱性时，胡杨林密度会大大降低，但其胸径却并未有明显的增长。当土壤pH＝8～9时，胡杨林密集，适宜胡杨的生长。而当其土壤pH>9时，胡杨的生长就会受到抑制，但对其林密度不会有太大影响。

3.2.2 全氮、全磷和全钾

土壤的本质是养分，养分是植被更新演替的重要驱动力之一，也是决定和影响植物分布和生长发育的重要因子。其中氮、磷、钾的含量是影响植物生长的重要原因之一。

由于胡杨对三种元素物质的吸收随生长阶段以及土壤中元素比的不同而不同，且胡杨在不同的土壤条件下对于养分的吸收效率有着调节作用，因此在一定范围内土壤氮、磷、钾的含量对于胡杨生长的影响较水分而言并不显著。总体而言，氮元素对胡杨育林有着促进作用，而磷、钾元素在这方面的效应则比较波动。

4 结语

综上所述,本文通过分析影响胡杨育林的土壤条件,可知酸碱度能较为显著地影响胡杨育林成功率以及育林密度。在适宜范围内,氮磷钾素能促进胡杨生物量的积累,其中氮元素的含量与胡杨育林成效收益呈正相关。

4.1 塔河流域胡杨育林密度推荐

塔河上游和中游水资源较为充足,地下水位能够满足胡杨生长的基本条件。而其土壤中N/P元素比基本为2.89~26.67,受两者的共同调控。两岸土壤钾元素较为充足,满足胡杨育林的需要。由于随着流域土壤pH值越靠近河流越接近碱性,而且土壤含水量、土壤肥力等也随之上升,胡杨育林密度可适度增大,种间距可控制在300~500cm。而随着逐渐远离河道,土壤pH值逐渐降至中性,胡杨育林密度应随之减小,控制在1 200~1 600cm最佳。从而有效提高胡杨育林的成功率,提升胡杨林的生态效益。

4.2 展望

本次研究主要对塔里木河流域天然胡杨林的土壤酸碱度、全氮含量、全磷含量、全钾含量以及胡杨林的单木竞争指数进行初步的测定和分析,由于时间条件以及科研设备的限制,实验结果存在较大的误差。日后采样时应扩大采样面积,增加采样点,并更多层次地进行土样和数据的采集,以此来更加全面地测定胡杨林下土壤的理化特性,进行更加科学严谨的分析。

参考文献

[1] 韩路,王海珍,周正立,等.塔里木河流域灰叶胡杨种内竞争研究[J].塔里木大学学报,2006(02):1-4.

[2] 李宗杰,田青,宋玲玲.胡杨林地土壤水盐动态及对植被生长的影响[J].甘肃农业大学学报,2015,50(03):126-131.

[3] 张楠.土壤条件对胡杨幼苗生长的影响研究[D].北京:北京林业大学,

2013.

[4] 沈浩.胡杨林下不同混交模式对土壤肥力的影响[J].新疆环境保护, 2016, 38(01):12-16.

[5] 邓双文.沙漠盐碱地的"勇士"——胡杨[J].内蒙古林业, 1983(05):27.

[6] 张秋岭. 额济纳绿洲胡杨林群落特征与土壤水分的关系[D]. 北京: 北京林业大学, 2008.

[7] 程智. 额济纳不同龄级胡杨与土壤的水盐关系研究[D]. 呼和浩特: 内蒙古农业大学, 2011.

[8] 木巴热克·阿尤普. 河岸胡杨林不同生长状况下的土壤,地下水特征研究——塔里木河中游塔河大桥到沙子河口段为例[D].新疆: 新疆大学, 2007.

[9] 钱芝惠. 胡杨生长的激素调节与矿质元素分析[D]. 北京: 中央民族大学, 2006.

[10] 周林, 招宇衡.胡杨造林经验[J].新疆农业科学, 1966(07):285.

[11] 胡利华. 胡杨和灰叶胡杨不同耐受盐胁迫机制的初步研究[D]. 兰州: 兰州大学, 2013.

[12] Polle Andrea,Chen Shaoliang. On the salty side of life: molecular, physiological and anatomical adaptation and acclimation of trees to extreme habitats[J]. Plant, Cell & Environment, 2015, 38(9).

[13] Franck Brignolas, Cécile Thierry, Gilles Guerrier, et al. Compared water deficit response of two Populus x euramericana clones, Luisa Avanzo and Dorskamp[J]. Annals of Forest Science, 2000, 57(3).

[14] Apse M P,Aharon G S, Snedden W A, et al. Salt tolerance conferred by overexpression of a vacuolar Na+/H+ antiport in Arabidopsis[J]. Science (New York, N.Y.), 1999, 285(5431).

▰▰ 专业名词解释 ▰▰

乔木：乔木是指树身高大的树木，由根部发生独立的主干，树干和树冠有明显区分，且通常高达6m至数十米的木本植物称为乔木。

塔里木河对库尔勒市塔里木河流域农田土壤成分的影响

王 迪

北京理工大学生命学院2016级本科生

摘 要： 本研究调查分析库尔勒塔里木河周边的土壤及其周边的水样以及成分，以远离塔里木河地区的土质作对比，探究塔里木河对于库尔勒农田土质的影响。通过在塔里木河干流管理局下属的阿其克站和英巴扎站两个闸口周边的农田进行采样，在两地分别采集20cm的土样，并在两个站闸口采集水样。在塔格拉玛干沙漠前的沙漠公路周边采集未经塔里木河河水灌溉的土壤，作为空白对照组。土壤成分利用公立试剂盒来测定土样的pH值及全氮、全磷、全钾的含量。水样的成分测定主要包括金属离子（钙镁离子）、pH值、TDS、溶解氧、总磷、总氮等。对测量后的数据用SPSS25.0进行曼-惠特尼U检验，通过数据分析探究两地土质及水质是否存在差异性。结果显示，塔里木河周边的农田表层土壤pH值和总磷及总钾比远离塔里木河周边的土壤高，而总氮相差较小。农田周边的塔里木河水质pH值和总钾较高，金属离子及总氮含量低等。结果表明，塔里木河的污染程度较小，通过塔里木河水的灌溉降低了周边农田的盐碱度，增加了土壤的磷成分，但是在施肥时应适量增加氮肥的施加量。

关键词： 塔里木河；土质；水质

1 引言

新疆地处欧亚大陆腹地，天山山脉横贯南疆和北疆，形成"三山夹两盆"的独特地貌特征。新疆的气候为典型的大陆性荒漠气候，具有大陆性极强、干燥少雨、光照丰富、气候垂直变化明显等气候特点。因此，新疆农业具有强烈地域性，是独特的荒漠绿洲灌溉农业。农业耕种土壤受人为条件所支配有以下分布规律：在绿洲内，上部地下水位一般较深，土壤为灌漠土，绿洲中下部，分布有潮土和水稻土；在有灌溉淤积物条件的绿洲，上部分布着灌淤土，下部分布着潮灌淤土。正是这独特的地理位置造就了新疆瓜果名扬全国的品质。

盐碱土是盐土和碱土的统称，指含盐量在0.2%以上，或土壤胶体由于吸附一定数量的交换性钠，致使碱化度在20%以上，对作物正常生长有害的土壤。土壤的盐碱化和次生盐碱化是指其自身理化性质恶化，从而降低甚至丧失了农业利用价值。新疆是世界的盐碱土博物馆，盐渍化种类繁多，土壤退化及盐碱化现象突出，严重威胁着新疆农业生产安全。据统计，新疆盐渍化总面积达$8.48 \times 10^6 \, hm^2$，现有耕地中31.1%的面积受到盐渍化的危害。

此外，新疆农田还有着大量的防护林，守卫着新疆的天空。农田防护林是由树木组成的具有多种功能的人工廊带网络系统，对改善农田小气候，减轻和防御各种农业自然灾害，保证农业生产稳产、高产作用明显。在干旱地区，林带改善小气候，是农田防护林最主要的防护作用，其次在防风固沙、增加生物多样性、净化空气、碳汇和保障作物稳产高产等方面也起到重要作用，对于农业持续发展意义重大。

新疆农田主要用于瓜果的种植、棉花及玉米种植以及防护林种植，然而新疆严重的土地盐碱化是阻碍当地农业经济发展的一大重要因素。

2 研究方法

2.1 样品采集

2.1.1 采样点

1. 阿其克管理站，英巴扎管理站

隶属于新疆塔里木河流域干流管理局中游管理站，有四个土壤采样点，

每个采样点采两个样，取农田作物周边20cm深度的土壤。并在周边采集水样两份。

2．塔克拉玛干大沙漠周边

塔克拉玛干大沙漠，新疆南疆的塔里木盆地中心，是中国最大的沙漠，也是世界第十大沙漠，同时也是世界第二大流动沙漠。整个沙漠东西长约1 000km，南北宽约400km，面积达33万km²。平均年降水不超过100mm，最低只有四五毫米;而平均蒸发量却高达2 500～3 400mm。其中有三个土壤采样点，每个采样点采两个样，每个土样分20cm和40～60cm两层采样。

取四个采样点，每个采样点取两份土样。

2.1.2　取样时间

2018年8月11日前往阿其克管理站、英巴扎管理站采集土样和水样。2018年8月12日下午前往塔克拉玛干大沙漠采集土样。用挖掘法采集土层20cm深度的土壤，并在当天进行水质、土质成分检测。

2.2　实验方法

2.2.1　土样测定

1．土样预处理

将土样放在烘箱烘干后，取干燥土样5g溶于50g蒸馏水，浸泡12h，测量pH值，再经漏斗过滤，取滤液进行分析。

2．pH值测定

取土壤浸泡液于烧杯中，将pH快速测量笔插入烧杯中，并使液体液面没过pH测量笔的水位线。待pH测量笔的读数稳定后，记录读数。

3．氮及钾元素含量测定

取土壤浸泡液于测试量筒中，利用氮元素与钾元素的试剂盒分别进行测量，记录测量结果。

4．磷元素含量测定

将测试管顶端的预留线拉出，并挤出测试管内的空气。利用压力吸入待测液至管内的一半处。摇匀后，等待几分钟后，进行比色，并记录数据。

2.2.2　水样测定

1. 水样预处理

将水样沉淀2h，漏斗过滤，取滤液于烧杯中待用。

2. pH值与TDS/EC（总溶解性固体物质浓度/可溶性盐浓度）值的测定

取水样于烧杯中，将pH、TDS/EC测量笔浸入液体，使液面高于测量笔的水位线，待测量笔的读数稳定后，记录读数。

3. 氮、磷、钾元素含量测定

取过滤后的水样，在测量容器内，利用试剂盒，按照其要求进行测量，并进行记录。

4. 钙镁离子含量测定

取滤液于测试量筒中，利用钙、镁离子试剂盒进行测量，按照步骤反应后根据滴定滴数读出钙元素与镁元素的含量，并进行记录。

5. COD值（溶解氧）测定

取滤液于测试量筒中，利用COD试剂盒进行测量，按照步骤反应后根据溶液颜色与比色卡进行对比，读出COD值，并进行记录。

3　结果与分析

3.1　测量结果

3.1.1　土样测量结果

阿其克管理站、英巴扎管理站及塔克拉玛干大沙漠周边土壤成分测定结果如表1所示。其中，编号1-1、1-2、2-1和2-2为塔里木河流域阿其克管理站周边土壤样品，编号3-1和3-2为塔里木河流域英巴扎管理站周边土壤样品，塔克拉玛干大沙漠土壤样品为沙漠边随机采集。

表1 阿其克管理站、英巴扎管理站及塔克拉玛干大沙漠周边土壤成分

地点	编号	深度/cm	pH值	氮含量/ (mg·L⁻¹)	磷含量/ (mg·L⁻¹)	钾含量/ (mg·L⁻¹)
塔里木河周边土壤	1–1		8.03	0.2	0.7	331
	1–2		8.09	0.05	0.6	326
	2–1		8.04	0.1	0.7	336
	2–2		8.05	0.2	0.7	328
	3–1		8.12	0.2	0.9	282
	3–2	20	8.06	0.1	0.5	317
塔克拉玛干沙漠	1–1		8.23	0.1	0.2	286
	1–2		8.26	0.2	0.5	273
	2–1		8.19	0.05	0.4	290
	2–2		8.32	0.1	0.5	291
	3–1		8.21	0.1	0.7	278
	3–2		8.33	0.05	0.6	268

3.1.2 水样测量结果

阿其克管理站及英巴扎管理站的水样测量结果如表2所示。

表2 阿其克管理站及英巴扎管理站水样成分

分类	编号	磷含量/ (mg·L⁻¹)	钾含量/ (mg·L⁻¹)	氮含量/ (mg·L⁻¹)	EC	pH值	钙离子/ (mg·L⁻¹)	镁离子/ (mg·L⁻¹)	TDS	溶解氧/ (mg·L⁻¹)	氰含量/ (mg·L⁻¹)
阿其克管理站	1–1	0.05	300	0	774	8.24	80	24	414	6	0.02
	1–2	0.05	307	0.1	728	8.16	60	36	396	6.5	0.02
英巴扎管理站	2–1	0.1	298	0.1	764	8.08	60	32	373	5.5	0.02
	2–2	0.05	304	0.1	752	8.06	60	36	386	6.5	0.02

3.2 分析讨论

3.2.1 分析方法

考虑到统计分析中的各种假设检验（F检验、t检验和×2检验）均要求总体分布已知，而所给数据为小样本，无法判断总体分布。常用方法有曼-惠特尼U检验。

曼—惠特尼U检验又称秩和检验，是非参数假设检验的一种。假设两个样本分别来自除了总体均值以外完全相同的两个总体，对两个独立样本数据混合排序求出各个样本的秩序。

3.2.2　数据分析

对塔里木河中游和塔克拉玛干沙漠周围深度为20cm左右的土壤利用SPSS 25进行曼–惠特尼U检验，结果如表3所示。

表3　20cm土壤U检验（+s）

项目	pH值	氮含量/ （mg·L⁻¹）	磷含量/ （mg·L⁻¹）	钾含量/ （mg·L⁻¹）
塔里木河周边	8.06 ± 0.03	0.14 ± 0.07	0.68 ± 0.13	320.00 ± 19.65
塔克拉玛干沙漠周边	8.26 ± 0.06	0.10 ± 0.05	0.48 ± 0.17	281.00 ± 9.47
Z值	−2.882	−1.109	−1.974	−0.016
P值	0.002	0.310	0.065	0.015

3.2.3　结论分析

当数据P值小于0.05时说明此项数据存在显著的差异性。可从上述数据中得出，塔里木河和塔克拉玛干沙漠周边的土质在pH值和钾含量上存在显著差异，而在氮含量和磷含量上的差异性并不是很大。塔里木河河水的污染程度很小，但是难以为当地农田提供足量的氮源以及磷源，当地农田氮与磷的营养元素含量不足。

4　建议

4.1　科学适量施肥

与氮、钾相比，磷是土壤中最不易流失、最稳定的元素。由于磷肥不挥发，不存在农田与其周边自然陆地生态系统的重新分配。磷是植物生长必需的一种营养元素，长期实践表明，一定程度的磷盈余对保持作物高产稳产、土壤培肥具有重要作用，也是"藏粮于土"的体现。可以说，磷是一种类似

双刃剑的元素，过量会威胁水环境安全，而不足又影响粮食产量和食品安全。因此，结合当地土壤现状，科学选择氮肥及磷肥，适量施肥，对于当地玉米等作物的生长十分具有意义。

4.2 保护塔里木河水质

根据当地的塔里木河水质调研结果，塔里木河水基本无污染情况。由于当地的政策是控制农田打井现状，因此塔里木河沿岸的农田都依赖塔里木河的灌溉。一旦灌溉的水质从根源上受到污染，那么农田土壤必然会受到影响，当地的农作生长也会间接受到影响。为了保护农田土壤，需要对塔里木河沿岸进行管制，监管控制周边的污水及废水排放，确保塔里木河的水质不受影响。

4.3 科学计划灌水

新疆当地的土地盐渍化严重，农作物很难在此种土壤环境中生存。当地会在冬天时进行大规模的冬灌，土壤中的碱成分会随着水渗入地下，而冬天的低温使水结冰，从而保证春天植被的正常生长。塔里木河河水量是有限的，其水资源不仅仅给农业提供用水，还需要给周边的胡杨等提供水分，保证其周围生态健康。因此，需要科学规划用水，使水资源的利用率达到最大化。

参考文献

[1] 张炎, 史军辉, 罗广华, 等.新疆农田土壤养分与化肥施用现状及评价[J].新疆农业科学, 2006(05): 375-379.

[2] 崔文采. 新疆土壤[M].北京：科学出版社, 1971.

[3] 胡明芳, 田长彦, 赵振勇, 等. 新疆盐碱地成因及改良措施研究进展[J].西北农林科技大学学报(自然科学版), 2012, 40(10): 111-117.

[4] 刘瑜, 陈云.不同改良剂对新疆盐碱土壤的改良效果[J].新疆农垦科技, 2018, 41(01): 36-37.

[5] 邓荣鑫, 张树文, 李颖.基于田间尺度的东北农田防护林防护效应分析[J]. 生态学杂志, 2009, 28(09): 1756-1762.

[6] Kimberly Williams-Guillén, Ivette Perfecto,John V, ermeer. Bats Limit Insects in a Neotropical Agroforestry System[J]. Science, 2008, 320(5872).

[7] Nair P K R, Kumar B M, Nair V D. Agroforestry as a strategy for carbon sequestration[J]. Journal of Plant Nutrition and Soil Science=Zeitschrift fuer Pflanzenernaehrung und Bodenkunde, 2009, 172(1): 10-23.

[8] 朱家明, 钟梅, 张月茹, 等.葡萄酒质量评价的定量分析[J].宜春学院学报, 2013, (03): 8-12.

[9] 张晓峒.计量经济学基础［M］3版.天津:南开大学出版社，2007.

[10] 丁航, 沈林勇, 吴曦, 等.用于改善帕金森病冻结步态的可穿戴技术[J].传感技术学报, 2017 (06): 807-813.

[11] Josep Peñuelas, Sardans J, Rivas-Ubach A, et al. The human-induced imbalance between C, N and P in Earth′s life system[J]. Global Change Biology, 2012.

[12] 冀宏杰, 张怀志, 张维理, 等. 我国农田磷养分平衡研究进展[J].中国生态农业学报, 2015, 23(01): 1-8.

专业名词解释

（1）曼—惠特尼U检验：曼-惠特尼U检验又称曼-惠特尼秩和检验，是由H.B.Mann和D.R.Whitney于1947年提出的。它假设两个样本分别来自除了总体均值以外完全相同的两个总体，目的是检验这两个总体的均值是否有显著的差别。

（2）COD：是在一定的条件下，采用一定的强氧化剂处理水样时，所消耗的氧化剂量。它是表示水中还原性物质多少的一个指标，又称化学需氧量。

（3）TDS：总溶解固体(Total Dissolved Solids)，又称溶解性固体总量，测量单位为毫克/升(mg/L)，它表明1L水中溶有多少毫克溶解性固体。TDS值越高，表示水中含有的溶解物越多。总溶解固体指水中全部溶质的总量，包

括无机物和有机物两者的含量。一般可用电导率值大概了解溶液中的盐分，一般情况下，电导率越高，盐分越高，TDS越高。在无机物中，除溶解成离子状的成分外，还可能有呈分子状的无机物。

（4）**盐碱地：**盐碱地是盐类集积的一个种类，是指土壤里面所含的盐分影响到作物的正常生长，根据联合国教科文组织和粮农组织不完全统计，全世界盐碱地的面积为9.543 8亿hm²，其中我国为9 913万hm²。我国碱土和碱化土壤的形成，大部分与土壤中碳酸盐的累计有关，因而碱化度普遍较高，严重的盐碱土壤地区植物几乎不能生存。

（5）**碳汇：**碳汇是指通过植树造林、森林管理、植被恢复等措施，利用植物光合作用吸收大气中的二氧化碳，并将其固定在植被和土壤中，从而减少温室气体在大气中浓度的过程、活动或机制。

香梨树土质与水质成分对比分析
——以库尔勒与北京为例

王可欣

北京理工大学生命学院2016级本科生

摘　要： 本文明确了库尔勒香梨及北京香梨种植地的土质与水质，研究了土质与水质对香梨品质的影响，进而对北京香梨的种植提出建议。本研究以新疆库尔勒市香梨种植园——沙依东园艺场和北京香梨种植——北京市大兴庞各庄万亩梨园为研究区域，分两层采集20cm的土样和40～60cm的土样进行测试和检验，并采集了沙依东园艺场的两种水样——河水（附近孔雀河的河水）及当地井水。结果表明，表层土中，大兴庞各庄万亩梨园的pH值和氮元素含量分别显著小于新疆沙依东园艺场，深层土中，大兴庞各庄万亩梨园的磷元素和钾元素含量分别显著小于新疆沙依东园艺场。沙依东园艺场的灌溉用水中，孔雀河的河水和井水相对比，河水的金属离子含量及可溶解盐和可溶解性固体物质含量较低，氮磷元素和溶解氧含量较高。因此，在北京梨园施肥的时候，可以加大氮肥在表层土壤和磷钾的肥料在深层土壤中用量，并且建议沙依东园艺场多采用河水灌溉香梨树。

关键词： 库尔勒香梨；北京香梨；土质；水质；曼-惠特尼U检验

1 引言

新疆是我国著名的瓜果之乡，其独特的地理、气候资源为水果生产提供了得天独厚的条件，新疆水果种类多、品质优，主要的水果品种有苹果、

梨、葡萄、哈密瓜、甜瓜、桃、杏、红枣、石榴等。近年来，随着新疆水果生产规模的不断扩大（2013年新疆水果总产量达782.69万t，相比2003年的218.34万t，增长了258.47%，年均增长23.50%），水果产业日益成为新疆水果主产区的支柱产业，也正在成为发展当地农村经济、调整产业结构，以及实现农业增效、农民增收和推动农村劳动力就业的一条重要途径。众多水果中，库尔勒香梨是新疆名、优、特水果之一，因其具有色泽悦目、味甜爽滑、香气浓郁、皮薄肉细、酥脆爽口、汁多渣少、落地即碎、入口即化、耐久储藏、营养丰富等特点，被誉为"梨中珍品""果中王子"。库尔勒香梨萌芽期3月下旬，开花期4月上中旬，果实成熟期9月中下旬。抗逆性强，能耐受住-22℃的低温，耐干旱、盐碱、瘠薄能力中强。这也是香梨能在为数不多的水果中脱颖而出，在新疆的环境中生长的原因。因为库尔勒香梨在经济发展和社会生活中的独特地位和重要影响，库尔勒市又被当地人引以为豪地称为"梨城"。

北京市大兴庞各庄的梨花村称为万亩梨园，是北京周边种植面积最大、开花最早、品种最多的古梨树群落，中心区位于梨花村，现保存百年以上古梨树3万棵。该村共有梨树40余个品种，其中也有香梨的种植采摘。虽然北京也有香梨的种植，但其名气却远远小于库尔勒的香梨。其中影响香梨的甜度与口感的因素有当地气候、土壤土质、水质等。

在众多影响香梨生长的因素中，本文主要以土壤的土质及水质为研究对象，探究其对香梨品质的影响。根据前期对多篇文献的调研，可以将影响因素归结为：氮、磷、钾的含量及比例，有机质含量，pH值。但是，从文献中可知，大部分文献只在于比较不同营养条件下库尔勒香梨的生长，如土壤的营养成分对库尔勒香梨叶片果皮的影响，及土壤养分对库尔勒香梨产量的影响。几乎没有文献立足于其他地方的香梨和库尔勒香梨的比较。鉴于此，本课题将分别对库尔勒及北京香梨的土壤的上述理化性质进行测定:主要利用试剂盒来测定土样的pH值及全氮全磷及全钾的含量和水样的金属离子（钙、镁离子）及总溶解性固体物质浓度及可溶性盐浓度。对测量后的数据利用SPSS 25.0进行曼-惠特尼U检验（Mann-Whitney U test），评价两地土质及水质是否存在差异性。分析数据得出库尔勒香梨的优势与北京当地香梨的劣势，为北京当地香梨种植提出建议。

2 研究材料与方法

2.1 水样及土样采集

2.1.1 采样点描述

1. 沙依东园艺场

位于巴音郭楞蒙古自治州首府库尔勒市西郊10km的孔雀河畔，是新疆最大的国有专业化园艺场，以种植经营新疆名优特产——库尔勒香梨而驰名中外，被誉为库尔勒香梨的故乡。

其中有三个土壤采样点，每个采样点采两个样，每个土样分20cm和40~60cm两层采样。并采集了灌溉用水：井水和孔雀河水，每个点采样三份。

2. 北京万亩梨园

北京市大兴庞各庄万亩梨园地处永定河东岸梨花村南,万亩梨园是指集梨花村、赵村、前曹各庄、北曹各庄、韩家铺5个村的梨树资源的总和达3.8万亩。大兴庞各庄万亩梨园是北京周边种植面积最大、开花最早、品种最多的古梨树群落，中心区位于梨花村。

其中，有三个土壤采样点，每个采样点采两个样，每个土样分20cm和40~60cm两层采样。

2.1.2 取样方法

北京理工大学生态科考新疆队在2018年8月10日下午前往新疆沙依东园艺场进行走访和取样，2018年8月18日下午前往北京市大兴庞各庄万亩梨园进行取样。

采用挖掘法挖掘采样点距地表20cm表层土和40~60cm深层根系土，每个土样大概100~200g，并利用信封保存，并用马克笔在上面进行标注。

2.2 土样及水样的测量

2.2.1 土样测量

1. 土样预处理

将土样完全混匀，研磨并完全烘干，取每份处理过的土样5g溶于50g蒸馏水，浸泡12h，漏斗过滤，取滤液进行分析。

2. pH值测定

取土壤浸泡液于烧杯中，将pH快速测量笔插入烧杯中，并使液体液面没过pH测量笔的水位线。停顿1～2min，待pH测量笔的读数稳定后，记录读数。

3. 氮及钾元素含量测定

取土壤浸泡液于测试量筒中，利用氮元素与钾元素的试剂盒分别进行测量，按照步骤反应后根据滴定滴数读出氮元素与钾元素的含量，并记录数据。

4. 磷元素含量测定

将测试管顶端的预留线拉出，并挤出测试管内的空气。利用压力吸入待测液至管内1/2处或2/3处。摇匀后，在色卡指定时间比色，并记录数据。

2.2.2 水样测量

1. 水样预处理

将水样沉淀2h，漏斗过滤，取滤液与烧杯中待用。

2. TDS/EC（总溶解性固体物质浓度/可溶性盐浓度）值测定

取水样于烧杯中，将TDS/EC测量笔浸入液体，使液面高于测量笔的水位线，静待1～2min，待测量笔的读数稳定后，记录读数。

3. pH值及氮、磷、钾元素含量测定

与土样测定相同，这里不再赘述。

4. 钙、镁离子含量测定

取滤液于测试量筒中，利用钙、镁离子试剂盒进行测量，按照步骤反应后根据滴定滴数读出钙元素与镁元素的含量，并记录数据。

5. COD值（溶解氧）测定

取滤液于测试量筒中，利用COD试剂盒进行测量，按照步骤反应后根据溶液颜色与比色卡进行对比，读出COD值，并记录数据。

3 结果与分析

3.1 测量结果

3.1.1 土样测量结果

沙依东园艺场与大兴庞各庄万亩梨园的土样测量结果如表1所示。

表1　沙依东园艺场与大兴庞各庄万亩梨园的土壤pH值及元素含量

地点	编号	深度/cm	pH值	氮含量/ （mg·L⁻¹）	磷含量/ （mg·L⁻¹）	钾含量/ （mg·L⁻¹）
沙依东园艺场	1–1	20	8.54/7.85	0.3/0.2	0.5/0.2	254/317
	1–2		8.43/7.81	0.2/0.2	0.6/0.2	253/324
	2–1		8.04/7.66	0.2/0.2	0.9/0.3	342/324
	2–2		8.05/7.52	0.2/0.2	0.7/0.3	318/320
	3–1		8.18/7.65	0.2/0.1	0.6/0.1	251/296
	3–2		8.18/7.70	0.2/0.1	0.6/0.2	256/296
大兴庞各庄万亩梨园	1–1	40～60	7.74/7.77	0.05/0.25	0.6/1	268/261
	1–2		7.78/7.77	0.1/0.2	0.6/0.9	263/260
	2–1		7.62/7.59	0.05/0.2	0.5/0.8	254/274
	2–2		7.65/7.62	0.09/0.18	0.5/0.8	251/276
	3–1		7.78/7.64	0.1/0.1	0.7/1.2	258/270
	3–2		7.72/7.64	0.1/0.1	0.6/1	258/268

3.1.2　水样测量结果

沙依东园艺场的两种灌溉用水的水样测量结果如表2所示。

表2　沙依东园艺场的两种灌溉用水理化特性

分类	编号	钙离子/ （mS·cm⁻¹）	镁离子/ （mS·cm⁻¹）	TDS/ （mg·L⁻¹）	EC/ （mS/cm⁻¹）	pH值	氮含量/ （mg·L⁻¹）	磷含量/ （mg·L⁻¹）	溶解氧含量/ （mg·L⁻¹）
孔雀河	1	100	36	433	893	7.60	0.2	0.2	9.0
	2	80	12	449	906	7.62	0.1	0.2	7.5
	3	100	36	477	920	7.60	0.1	0.1	7.5
井水	1	140	97	702	1363	7.02	0	0.05	5.5
	2	120	49	699	1368	7.06	0	0.05	6
	3	120	49	699	1368	7.02	0	0.05	5.5

3.2 结果与分析

3.2.1 分析方法

将上述数据利用SPSS 25进行显著性分析。利用统计学，分别分析两地的表层土和深层根系土的土样之间的差异性。由于数据量小，因此不符合正态分布，数据分析时需要用非参数检验中的曼-惠特尼U检验。

曼-惠特尼U检验为一种非参数检验中的零假设，它同样可能来自一个样本的随机选择的值将小于或大于来自第二个样本的随机选择的值。与t检验不同，它不需要假设正态分布。它几乎与正态分布的t检验一样有效。

对于水质的分析，由于样本量只有三个，且每个样本测量的数据并无太大偏差，因此仅以平均值为衡量各个指标的标准。

3.2.2 分析结果

1. 土质分析结果

对新疆沙依东园艺场和北京市大兴庞各庄万亩梨园的20cm及40~60cm的土壤分别利用SPSS 25进行曼-惠特尼U检验，检验结果分别如表3和表4所示。

表3 20cm土壤U检验（+s）

地点	pH值	氮含量/(mg·L⁻¹)	磷含量/(mg·L⁻¹)	钾含量/(mg·L⁻¹)
沙依东园艺场	8.24 ± 0.20	0.22 ± 0.04	0.65 ± 0.14	279.00 ± 40.26
庞各庄万亩梨园	7.72 ± 0.07	0.08 ± 0.02	0.58 ± 0.08	258.67 ± 6.12
Z值	−2.89	−3.02	−0.86	−0.16
P值	0.002	0.002	0.485	0.937

表4 40~60cm土壤U检验（+s）

地点	pH值	氮含量/(mg·L⁻¹)	磷含量/(mg·L⁻¹)	钾含量/(mg·L⁻¹)
沙依东园艺场	7.70 ± 0.12	0.18 ± 0.04	0.22 ± 0.08	312.83 ± 13.30
庞各庄万亩梨园	7.67 ± 0.08	0.17 ± 0.06	0.95 ± 0.15	268.17 ± 6.59
Z值	−0.96	−0.54	−2.918	−2.89
P值	0.394	0.699	0.002	0.002

根据表3和表4所分析得出的数据可知，对于20cm的土样，大兴庞各庄万亩梨园的pH值和氮元素含量分别显著小于新疆沙依东园艺场，而磷元素和钾

元素含量对于两地来说并无显著性差异。对于40～60cm的土样，大兴庞各庄万亩梨园的磷元素和钾元素含量分别显著小于新疆沙依东园艺场，而pH值和氮元素含量则无显著性差异。

2. 水质分析结果

新疆沙依东园艺场的两种灌溉用水——孔雀河河水和当地井水的数据对比如表5所示。

表5　孔雀河与井水数据对比

分类	钙离子含量/(mg·L⁻¹)	镁离子含量/(mg·L⁻¹)	TDS/(mg·L⁻¹)	EC/(mS·cm⁻¹)	pH值	氮含量/(mg·L⁻¹)	磷含量/(mg·L⁻¹)	溶解氧/(mg·L⁻¹)
孔雀河	93.33	28	453	906.3	7.61	0.13	0.17	8
井水	126.67	65	700	1366.33	7.03	0	0.05	5.67

由以上检验结果可知，孔雀河的河水和井水相对比，河水的金属离子含量及可溶解盐和可溶解性固体物质含量较低，氮、磷元素和溶解氧含量较高。

4　建议与展望

4.1　建议

氮是构成蛋白质的主要成分，对茎叶的生长和果实的发育有重要作用，是与产量最密切的营养元素。而磷肥能够促进植物花芽分化，提早开花结果，促进幼苗根系生长和改善果实品质。缺磷时，幼芽和根系生长缓慢，植株矮小。钾元素能促进植株茎秆健壮，改善果实品质，增强植株抗寒能力，提高果实的糖分和维生素C的含量。与氮、磷的情况一样，缺钾症状首先出现于老叶，因此氮、磷、钾是植物肥料中必不可少的部分。

通过数据分析可以知道，北京大兴庞各庄万亩梨园的土壤中亦存在一定量的氮、磷、钾元素，相比于新疆沙依东园艺场图土壤中氮、磷、钾的含量还是较少。其中，北京万亩梨园表层土的氮元素含量低，而深层土的磷元素

和钾元素的含量低。因此，在北京梨园施肥的时候，可以加大氮肥在表层土壤和磷钾的肥料在深层土壤中的用量。

对沙依东园艺场的水质来说，河水的水质要优于井水的水质。河水的TDS值和EC值要小于井水，而且河水的含氮量和含磷量都要高于井水。因此，从多方面因素对比看，沙依东园艺场的河水水质要更适于灌溉香梨树。所以，建议沙依东园艺场多采用河水灌溉香梨树。

4.2 评价与展望

本文主要立足于新疆沙依东园艺场和北京市大兴庞各庄万亩梨园的水质与土质。利用了科学的数据分析方法，严谨地对两地土质水质进行分析，并对实际种植提出了可行性的意见。

但是，因为采样地点也有限，导致数据的局限性很大——仅限于北京市大兴庞各庄万亩梨园和新疆沙依东园艺场，从而提出的建议对北京整体和新疆库尔勒整体的梨园的指导性并不大。而采样时间过短，同一个地点的采样数过少，导致获得的数据太少，分析的结果可信度也不如大数据量的可信度高。而且在大兴庞各庄万亩梨园采样时，并没有采到水样，因此无法对比北京的灌溉用水和沙依东园艺场的灌溉用水的水质。而测量用具因为要即采即测，所以用的快速试剂盒，测量的数值也存在误差。

未来在深入研究此课题时，会加大采样数，并在北京和库尔勒增多采样点，使分析结果更准确，可信度更高，更具有普遍性。同时，也会对两地土壤中的微生物进行培养和测量计数。土壤中微生物的多样性可以促进土壤的持续利用，也是土壤土质好坏的一个体现。

参考文献

[1] 向云, 祁春节. 新疆水果生产的区域比较优势分析[J]. 干旱区资源与环境, 2015 (10): 152-158.

[2] 马惠兰, 颜璐. 华南市场消费者购买新疆水果渠道及影响因素——基于广州和深圳两市的调查分析[J]. 干旱区地理, 2013, 36 (1): 156−163.

[3] 高启明, 李疆, 李阳. 库尔勒香梨研究进展[J]. 经济林研究, 2005, 23 (1): 79-82.

[4] 翟晓东, 齐曼·尤努斯, 张峰, 等. 库尔勒香梨粗皮果形成与叶片、土壤养分状况的相关性研究[J]. 新疆农业科学, 2015 (01): 14-19.

[5] 杨婷婷, 王庆惠, 陈波浪, 等. 不同施氮水平对库尔勒香梨园土壤无机氮分布的影响[J]. 经济林研究, 2017 (04): 80-89.

[6] 刘茂秀, 史军辉, 王新英. 库尔勒香梨土壤主要养分与产量关系的研究[J]. 中国土壤与肥料, 2018 (01): 140-145.

[7] 何天明, 刘泽军, 覃伟铭, 等. 土壤因子对库尔勒香梨缺铁失绿症发生的影响[J]. 西北农业学报, 2013 (01): 97-103.

[8] 马建江, 罗洮峰, 李永丰. 库尔勒香梨园土壤养分与香梨产量的关系研究[J]. 新疆农业科学, 2016 (04): 635-640.

[9] Victor Grech, Neville Calleja. WASP (Write a Scientific Paper): Parametric vs. non-parametric tests, Early Human Development, 2018, ISSN 0378-3782, v.

[10] 林先贵, 胡君利. 土壤微生物多样性的科学内涵及其生态服务功能[J]. 土壤学报, 2008 (05): 892-900.

专业名词解释

（1）**金属离子**：金属离子是某种物质溶于水后的金属元素的离子，简单地说就是分子组成的物质中的金属元素。绝大部分金属离子是阳离子，但ⅣB-ⅧⅢ族金属可以生成阴离子。

（2）**EC值**：EC值是用来测量溶液中可溶性盐浓度的，也可以用来测量液体肥料或种植介质中的可溶性离子浓度。EC值的单位用mS/cm 或mmhos/cm表示，测量温度通常为25℃。

（3）**抗逆性**：植物的抗逆性是指植物具有的抵抗不利环境的某些性状，如抗寒、抗旱、抗盐、抗病虫害等。自然界一种植物出现的优良抗逆性状，在自然界条件下很难转移到其他种类的植物体内，主要是因为不同种植物间存在着生殖隔离。

塔里木河流域生态输水对中上游地区
胡杨的影响分析

张琼文

北京理工大学生命学院 2016级本科生

摘　要： 近50年来，受气候变化和人类活动的影响，塔里木河干流下游近400km河道断流，大片胡杨林死亡。为了防止流域生态进一步恶化，从2000年起，塔里木河流域实施下游生态输水工程；从2016年起，对中、上游重点胡杨林保护区进行生态输水。本文通过实地考察、走访调查、文献分析等方法，分析生态输水对塔里木河流域中上游地区胡杨林的影响，为实现塔河流域生态环境和社会经济可持续发展，南疆地区的长治久安，提出可行性建议。即科学监控植物的生理状态、生态变化，调节供需水量；强化统一管理和沟通机制，实现信息共享；科学制定并严格执行生态用水、农业用水方案，确保政策的稳定性。

关键词： 塔里木河流域；生态输水：胡杨

1 前言

1.1 研究区域概况

塔里木河是我国最长的内陆河，塔里木河流域是环塔里木盆地的阿克苏河、喀什噶尔河、叶尔羌河、和田河、开都-孔雀河、迪那河、渭干河与库车河、克里雅河和车尔臣河等九大水系144条河流的总称，流域总面积102万km²。

流域内有5个地（州）的42个县（市）和4个兵团师的45个团场。据2014年统计资料，流域总人口1 204万人，灌溉面积4 594万亩。水资源总量401.8亿m³。

塔里木河干流全长1 321km，自身不产流，历史上塔里木河流域的九大水系均有水汇入塔里木河干流。由于人类活动与气候变化等影响，20世纪50年代以后，其来水完全靠阿克苏河、和田河、叶尔羌河、开都–孔雀河供给，形成"四源一干"的格局。

1.2 生态输水现状

塔河干流生态输水范围涉及整条河道流经的地域，主要输水方式是通过河道沿线生态闸堰向两岸生态林地输水，横向漫溢，扩大生态输水面积。自2000年以来，几乎每年都会开展生态输水工作。

干流生态输水在先满足生活、基本满足生产的前提下，原则上每年输水一次。输水量根据大河来水情况而定，一般以阿拉尔来水46.5亿m³前提下，完成《塔里木河流域近期综合治理规划报告》规定的3.5亿m³为基本目标。

自2016年起开始实施塔里木河流域重点胡杨林区生态补水工作，2016—2017年塔里木河干流向流域重点胡杨林保护区应急补水8亿m³（2016年3.8亿m³，2017年4.2亿m³），2018年补水3.5亿m³（图1）。

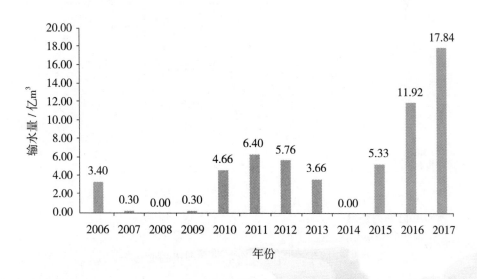

图1 塔里木河中游地区输水情况

1.3　胡杨生理特性

根据陈亚宁等的研究，荒漠河岸林在长期水分胁迫下主要依靠地下水来维持植物的水分吸收，而胡杨和附近浅根植物的存活主要是由于胡杨在干旱胁迫下的水力升力和水分再分配。由此，胡杨的生长情况对干旱地区的植被生长具有重大意义。

塔里木河下游生态输水工程从2000年起实施，至今已持续20年，研究者发现，在输水过后，地下水位出现明显抬升，地表水与地下水的逐年减少影响了胡杨种群的分布格局，阻碍了种群的更新发育，水文条件是影响中游胡杨生态特征的直接因素。

图2所示为胡杨胸径大小与距河岸距离的关系，高径系数越大，其生长环境越好；反之，则越差。胡杨高径系数可以作为胡杨生境类型的敏感指示。

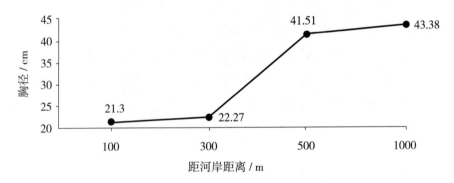

图2　胡杨胸径大小与距河岸距离的关系

2　研究方法

2.1　实地考察法

为了解塔里木河流域生态输水工程的发展现状和发展中可能会遇到的困难，生态科考队对塔里木河流域中流地区的进行了实地考察，重点考察了阿克其输水站、乌斯曼输水站、英巴扎输水站的运行情况，及其周边胡杨林的生长情况。

2.2　走访调查法

通过与塔里木河流域干流管理局、巴音郭楞蒙古自治州水利局、库尔勒市林业局等政府部门以及中国科学院新疆生态与地理研究所等科研机构进行座谈，获取相关数据，并了解塔里木河流域管理的政策制定、运行的实际情况、当前的建设成效与面临的困境等。本文使用的数据均由塔里木河流域干流管理局、中国科学院新疆生态与地理研究所提供。

2.3　文献分析法

通过查阅大量的国内外文献，明确国内外类似研究的研究现状、研究方法、面临的困境与问题、发展趋势等，形成了生态科考的基本思路，同时也为实地调研奠定了理论基础。借鉴国外的优秀做法，结合实际调研情况，为塔里木河流域的建设提出参考意见。

2.4　对比分析法

通过对比塔里木河各个区段与生态科考队多年实地考察的地点，找到其之间地理环境、自然资源等的相同点，通过借鉴其发展情况和生态环境建设，分析出塔里木河流域建设方面的优势与不足，直观展现环境保护与治理效果和未来的发展规划。

3　结果和分析

3.1　生态输水对中上游地区胡杨林的影响

自2016年以来，已经连续两年实施了塔里木河流域重点胡杨林区生态补水工作，胡杨林生态变化情况明显。中国科学院新疆生态与地理研究所受托开展了遥感和野外监测，结果显示生态补水后的效果主要体现在以下三个方面。

3.1.1 遥感监测

（1）土壤湿润化。在生态补水前，塔里木河千流的沙雅、轮合的土壤干旱指数分别为0.81和0.86，土壤处于重度干旱等级，在生态补水后分别减少了5.9%和5.4%，土壤表现出一定程度的湿润化，表明生态补水的效果良好。

（2）胡杨林群落盖度增大。在塔里木河干流的沙雅、轮台生态补水前后胡杨林植被盖度分别增加了24.2%和47.7%。

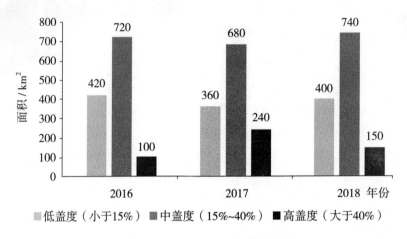

图3　沙雅地区胡杨林植被盖度变化

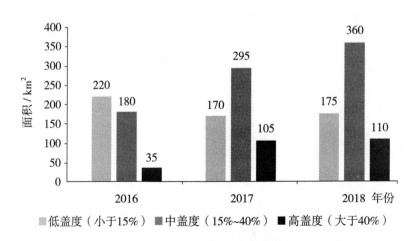

图4　轮台地区胡杨林植被盖度变化

从图3、图4可以看出，沙雅、轮台两地的胡杨林区，中、高盖度的面积逐渐上升，植被得到恢复。

3.1.2　植物生态监测

（1）促进胡杨林的更新。在塔里木河干流中游，生态补水前无幼苗，而生态补水后幼苗出现率为0.4株/m^2，表明胡杨的自我更新能力得到一定恢复。此外，塔里木河干流中游补水区，草本覆盖度2017年6月比2016年6月增大了108.3%。

（2）生物多样性增加。生态补水前后塔里木河干流上游胡杨林的生物多样性指数增加了100.7%，丰富度指数分别增加了519.3%。此外，生态补水改善了诸如黑鹳、苍鹭等珍稀野生保护动物的栖息生境，增加了动物种群数量。

（3）植物生物量增加。在塔里木河中游，生态补水前（2016年6月）柽柳的新枝长为55.5cm，生态补水后（2017年6月）则增加了14.9%。

3.1.3　植物生理监测

胡杨体内的脯氨酸（Pro）和脱落酸（ABA）含量与地下水位变化密切相关，以胡杨为主的天然植物受干旱胁迫程度越大，退化越严重，而反映在胡杨体内脯氨酸和脱落酸含量上，则随着地下水位的下降、水分胁迫程度的增加呈现出明显增加态势。胡杨叶片中的脯氨酸和脱落酸含量补水后较补水前分别减少了38.7%和47.3%，表明补水区胡杨林的干旱胁迫得到一定缓解。

3.2　面临的问题及影响

3.2.1　水资源匮乏，供需矛盾突出

塔里木河流域深居欧亚大陆腹地，远离海洋，四周高山阻隔，降水稀少，流域单位面积产水量仅为全国平均的1/6，是全国最少的地区之一，水资源总体匮乏。近年来，南疆社会经济有了较快发展，国民经济各业用水量急剧增加，受水资源"瓶颈"制约，流域生活，生产用水和生态用水矛盾日益突出，挤占抢占生态用水的状况时有发生。

3.2.2　生态环境脆弱，荒漠化威胁大

塔里木河流域地处内陆干旱地区，自然绿洲和人工绿洲仅占流域面积的25%，其余皆是沙漠和荒漠区。流域内蒸发强烈，干旱多风沙，生态种群单一，抗逆性差，特别是孔雀河下游、和田河下游、叶尔羌河下游等区域尚未进行系统治理，生态环境极为敏感和脆弱。由于流域水资源短缺，无论是自

然生态系统还是人工生态系统，其稳定性均很差，受荒漠化的威胁大，人类活动稍有不慎便会带来严重后果。

3.2.3 流域水资源综合管理能力弱

目前，塔里木河流域水资源统一管理依然薄弱，主要存在以下问题：水资源统一管理相配套的运行机制尚不健全；流域涉水事务协调极为复杂，用水总量控制管理制度尚未形成；流域内水权关系不清，超额用水、抢占挤占生态水现象缺乏约束机制；水价形成机制缺失，各种经济手段对水资源的约束、激励、调控作用还难以发挥更大的效力；流域水资源信息化建设滞后，不能有效运用现代科技手段管理水资源。

4 建议与展望

虽然塔里木河流域近期综合治理取得了阶段性成效，但是由于近期综合治理主要针对20世纪末存在的塔里木河下游生态环境恶化的突出问题，具有权宜性、时限性和局部性的特点，流域内水资源过度开发、用水效率和用水效益低、水利基础设施薄弱、生态环境脆弱等问题依然存在。根据本次调研结果，提出以下建议。

4.1 监控变化，及时调整

生态变化是一个长期而缓慢的过程，需要从地表水、地下水、植被响应、生物多样性等方面，长期监测输水对生态环境恢复的影响，以利采取更为科学有效的措施。植物的生理状态易受水质、水量、气候等因素影响，因此应密切关注植被生理状态变化，及时对输水方案进行调整。

4.2 加强沟通，科学管理

塔里木河流域管理局及其各分局、水利局以及各县市水利局、中国科学院新疆生态与地理研究所等政府部门或科研机构之间需要进一步加强沟通合作，实现数据共享。

4.3 明确方案，严格执行

制定详细的输水方案，明确各项指标，计划性地进行输水。严格执行输水计划，对一切不利于工作开展的打井、盗水行为进行严厉的打击，保证输水工作顺利进行。

塔里木河流域近期综合治理取得了阶段性成效，但仍需要改善用水结构，提高用水效率，推进生态环境保护，使塔河近期治理成果得到巩固和发展，维护稳定河湖生态系统格局，为实现塔河流域生态环境和社会经济可持续发展，南疆地区的长治久安，提供坚实水利保障。

参考文献

[1] Li Chen Yaning, Zhou Weihong, Chen Honghua, et al. Experimental study on water transport observations of desert riparian forests in the lower reaches of the Tarim River in China.[J]. International journal of biometeorology, 2017, 61(6).

[2] Hao X, Chen Y, Li W, et al. Response of desert riparian forest vegetation to groundwater depth changes in the middle and lower tarim river[J]. Acta Geographica Sinica, 2008, 120(11): 21-22.

[3] 陈亚宁, 张小雷, 祝向民, 等. 新疆塔里木河下游断流河道输水的生态效应分析[J]. 中国科学(D辑: 地球科学), 2004(05): 475-482.

[4] 徐梦辰, 陈永金, 刘加珍, 等. 塔里木河中游水文影响下的胡杨种群格局动态[J]. 生态学报, 2016, 36(09): 2646-2655.

[5] 林家煌, 黄铁成, 来风兵, 等. 塔里木河中游胡杨高径系数及其对生境的指示意义[J]. 生态学报, 2017, 37(10): 3355-3364.

[6] 李霞, 侯平, 杨鹏年. 塔里木河下游胡杨对水分条件变化的响应[J]. 干旱区研究, 2006(01): 26-31.

[7] Chipman J W, Shi X, Magilligan F J, et al. Impacts of land cover change and water management practices on the Tarim and Konqi river systems, Xinjiang, China[J]. Journal of Applied Remote Sensing, 2016, 10(4): 046020.

[8] 黄粤, 包安明, 王士飞, 等. 间歇性输水影响下的2001—2011年塔里木河下游生态环境变化[J]. 地理学报, 2013, 68(09): 1251-1262.

[9] Gui-Lin L, Kurban A, Abaydulla A, et al. Changes in Landscape Pattern in the Lower Reaches of Tarim River after an Ecological Water Delivery[J]. Journal of Glaciology and Geocryology, 2012.

[10] 邓铭江. 塔里木河下游生态输水与生态调度研究 [N]. 黄河报, 2018-04-14(003).

[11] 杨戈, 郭永平. 塔里木河下游末端实施生态输水后植被变化与展望[J]. 中国沙漠, 2004, 24: 167 – 172.

[11] 艾尔肯·艾白不拉, 杨鹏年, 吴文强, 等. 塔里木河下游生态输水量转化分析[J]. 水资源与水工程学报, 2013, 24(05): 54-58.

[12] 陈亚鹏, 陈亚宁, 李卫红, 等. 塔里木河下游干旱胁迫下的胡杨生理特点分析[J]. 西北植物学报, 2004(10): 1943-1948.

专业名词解释

（1）**生态输水工程**：从2000年起，塔里木河19次向下游生态输水，累计下泄生态水76.2亿m³。多年的持续输水结束了塔里木河下游河道连续断流30年的历史，缓解了流域生态退化的被动局面，塔里木河下游动植物物种显著增加、水环境得到有效改善。

（2）**水分胁迫**：水分胁迫是指土壤缺水而明显抑制植物生长的现象。淹水、冰冻、高温或盐渍等也能引起水分胁迫。干旱缺水引起的水分胁迫是最常见的，也是对植物产量影响最大的。

（3）**脯氨酸（Proline，缩写为Pro 或P）**：一旦进入肽链后，可发生羟基化作用，从而形成4-羟脯氨酸，是组成动物胶原蛋白的重要成分。羟脯氨酸也存在于多种植物蛋白质中，尤其与细胞壁的形成有关。植物体在干旱、高温、低温、盐渍等多种逆境下，常常有脯氨酸的明显积累。

（4）**脱落酸（Abscisic Acid，ABA）**：一种抑制生长的植物激素，因能促使叶子脱落而得名。可能广泛分布于高等植物。除了促使叶子脱落外尚有其他作用，如使芽进入休眠状态、促使马铃薯形成块茎等，对细胞的延长也有抑制作用。

（5）**植被盖度**：指植物群落总体或各个体的地上部分的垂直投影面积与样方面积之比的百分数。它反映植被的茂密程度和植物进行光合作用面积的大小。盖度也称为优势度。植被盖度分为投影盖度和植基盖度，在监测中测定的植被盖度为投影盖度，植被盖度测定中不分种，采用盖度框法进行测定。

干旱地区大田农作物膜下滴灌种植模式研究
——以棉花为例

阿曼姑丽

北京理工大学生命学院 2016级本科生

摘　要：新疆是干旱地区，因此其农业发展受到限制，农业作物主要是玉米、小麦和棉花。农作物的生长需要进行灌溉，但是传统的地面灌溉导致水的蒸发量大，浪费水资源。滴灌及膜下滴管是有效节水进行灌溉的一种方式。膜下滴灌是覆膜技术与滴灌技术结合的新型灌溉方式，节水量更好，但是膜下滴灌还没有普及。本文通过调研膜下滴灌与地面灌溉及传统滴灌的差别（主要为用水量及产量），分析了膜下滴灌未普及的原因并对如何进行普及提出了建议如使用厚膜等。

关键词：干旱地区；膜下滴灌；灌溉

1 前言

1.1 干旱/半干旱地区需用膜下滴管

新疆地区占全国面积1/6，其中沙漠戈壁占1/2，典型的温带大陆性气候。新疆棉花膜下滴灌技术最早产生于地处天山北麓——全国第二大沙漠古尔班通古特沙漠南缘的石河子垦区。该区年降雨量200～400mm，蒸发量2 000～2 400mm，属典型的干旱地区。没有灌溉就没有农业。农业是用水大户，新疆农业属于疆灌溉农业，解决水资源短缺问题首先要从农业节水出发，发展高效、资源节约型的节水灌溉是新疆农业持续发展的先决条件。它不仅可以提高水分利用率和作物产量，而且可促进生态环境的良性发展。传统灌溉为地面灌溉，水资源容易浪费，地表面水分蒸发量大。滴灌技术节水量佳，结合覆膜技术即膜下滴灌不仅能够减少因地表温度而造成的水分蒸发，还能够利用滴灌控制来对灌溉特性进行控制以减少深层渗漏，从而达到综合节水增长的效果，膜下滴灌不仅可以节水，还可以提高相应作物的产量，适当利用滴灌技术是适合干旱/半干旱地区的一种灌溉方式。

1.2　膜下滴灌技术的发展

膜下滴灌技术最早出现在新疆兵团石河子垦区。1996年，农八师水利局等部门的水利工作者，在1.7hm²弃耕的次生盐碱地上进行了棉花膜下滴灌试验并取得成功。之后连续3年的试验使膜下滴灌技术的不断完善及全疆团场的推广为大规模推广应用奠定了基础。棉花膜下滴灌技术的成功应用，不仅使滴灌技术成功地在大田应用，还拓宽了应用作物的种类范围。在全疆的示范及指导下，其他地区也均纷纷投入应用推广。膜下滴灌技术在全国推广，膜下滴灌技术的出现在节水方面起了明显的作用。

为了进一步了解棉花膜下滴灌节水规律，对棉花膜下滴灌水盐运动规律进行了实验。从图1可看出，从4月21日到5月17日的28天中，膜下滴灌棉田0~10cm，10~20cm和20~40cm土层土壤含水量保持在24%以上，变化幅度不大。但是同一时期裸地对应土层土壤含水量分别降低25.4%、14.9%和12.3%，下降速度很快，说明膜下滴灌比裸地具有良好的保湿作用。

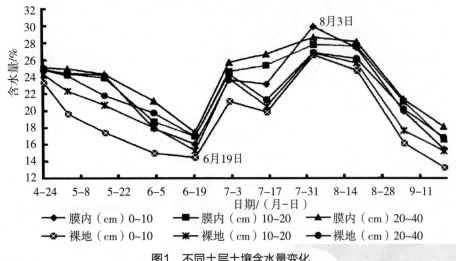

图1　不同土层土壤含水量变化

1.3 膜下滴灌现状

通过调研发现，新疆地区膜下滴灌主要在兵团进行，并没有普及。一是膜下滴灌不适合小农小户家庭。这些家庭所具有的农田面积不大，不太适合膜下滴灌；二是膜下滴灌装置本来就昂贵，一个小户家庭承担不起，之所以适合大面积地区，是因为可以通过大面积作物利润抵消装置价格；三是滴灌技术还不如以色列滴灌技术，需要进一步的研究，而且覆膜用的塑料还没有准确的降解方法。虽然膜下滴灌一直在进行研究，但是很多原因阻止它继续普及，然而只有膜下滴灌普及才能在农业方面大量节水。

2 研究方法

2.1 走访

兵团农八师位于天山北麓中段，古尔班通古特大沙漠南边，全垦区面积7 861km²，垦区平均海拔300～500m。农八师是在新疆第一次开始研究膜下滴灌的地区，为了进行节水灌溉和增加农作物的产量，农八师十几年来没有停止过这方面的研究。

（1）节水灌溉装置。20世纪90年代末，新疆生产建设兵团天业集团开发了符合新疆农业灌溉特色的膜下滴灌栽培工程技术，应用这一技术，兵团在集约化的管理模式下实现了膜下滴灌技术的大面积推广，使得兵团农业取得了跨越式的增产增效。一般使用的滴灌装置是一次性完成耕整、开沟、施肥、播种、喷药及覆膜的作业机。

（2）覆膜技术。覆膜技术中最重要的就是覆膜的处理，因为如果是普通的塑料会对环境产生污染，因此要求塑料既易分解又对农田有作用。本次走访关于覆膜技术主要是了解覆膜的分解情况及处理方法。

（3）施肥技术。传统灌溉使用的是固体颗粒，但是若在膜下滴灌中使用的固体颗粒水溶性不大，则会导致滴灌堵塞，通过座谈了解目前使用的肥料状态及经济费用。

（4）过滤技术。灌溉使用的是自来水，为了防止自来水中不溶性物体导致滴灌堵塞，应建立过滤装置。本次考察主要了解的是过滤的效率。

（5）滴灌要求。膜下滴灌装置复杂，费用高，并不适合任何农民使用。通过走访了解膜下滴灌的要求，找出无法普及膜下滴灌的原因。

2.2 文献调研法

由于膜下滴灌的发展需要近几年来的滴灌情况进行比较，生态科考队选择了文献调查法，通过查阅文献中近几年来膜下滴灌下节水效率与增产效率，借助官方数据，能够了解到膜下滴灌的发展变迁，覆盖率参与滴灌以后的发展趋势，以此与传统灌溉进行对比，并参考以色列滴灌技术，找出目前情况下膜下滴灌不如以色列滴灌技术的原因，为后期滴灌技术普遍奠下基础。

3 结果与分析

3.1 膜下滴灌装置

膜下滴灌装置复杂，每个系统都有独特的作用。灌溉系统由三个部分组成：首部过滤系统，田间控制系统，田间管网。过滤系统是滴灌系统的关键设备（图2）。

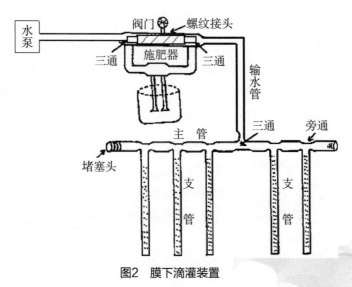

图2　膜下滴灌装置

3.1.1 覆膜技术

采取座谈式访问，针对膜处理及有覆膜下产物增加情况进行调研。

1. 覆膜处理

以色列等国家用的是比较厚一点的覆膜，而目前在棉花种植用的是薄一点的，厚膜可以反复使用，而薄膜只能一次性使用。目前，4—8月份地膜一直在农田里，但是由于使用的是薄膜，地膜最后在田农田只能保持一个月左右，因此最后膜回收率低，而且很难分解。而国外的厚膜容易收获，不轻易产生污染。而废弃的棉花地膜长时间滞留于土壤中，会严重危害土壤通透性，导致土壤保水能力、含水能力下降，削减了土壤的抗旱能力。棉花残膜在土壤中会改变土壤理化性质和土壤结构，导致有益微生物数量下降，有害微生物数量增加，土壤出现板结硬化，耕作层变浅，最终降低了土壤肥力，影响棉花产量和品质。残膜长时间滞留在土壤中，形成了不均匀的塑料阻隔层，棉花在这样的土壤环境中生长，根系不能自由伸展，土壤中有益微生物活力较弱，阻碍了根系的深扎和对水分的吸收，导致大量养分流失。部分棉花残膜废弃于田边、地角、沟渠和林带中，当遇到 大风大雨天气后，棉花残膜会随风飘摇，造成种种危害。棉花残 膜和农作物秸秆及青草混杂在一起，很容易与秸秆牧草收在一起， 牲畜食用了这些掺杂了农膜的饲料后，由于农膜在牲畜体内不能正常消化，导致胃肠道功能失调，饲料利用率下降。由此可以看出目前覆膜技术存在很大的缺陷。

2. 增产情况

由于覆膜技术保湿效果好，杂草不容易生长，因此土壤有机物可以顺利地被棉花吸收，这样大大地提高了农作物的产量。例如，2017年经中科院统计，新疆地区在膜下滴灌条件下棉花比传统灌溉棉花亩增加籽棉产量约100kg。不仅是棉花，覆膜技术对各种农作物都有增产效果，因此地膜的使用也快速得到了普及。例如，南疆地区地膜的使用 量和覆膜面积一直都处于增长的态势，1995年棉田覆盖面积仅为$3.701\ 6 \times 10^5\ hm^2$，到2015年达到$1.230\ 49 \times 10^6\ hm^2$，是1995年覆膜面积的3.32倍。棉田地膜使用量也大幅上升，使用量由1995年的0.142万t增加到2015年的0.435万t，增加了近3.06倍，棉田覆膜率达100%。

3.1.2　施肥技术

普通灌溉方式下应用的是固体肥料，即使溶解度不高还是会有作用，但是膜下滴灌下可能会引起滴灌带的阻塞，为此现在施肥技术用的是液体肥料，液体肥料容易与水混合而且更加有利于与农作物根部接触。由于滴灌施肥的特殊性，使符合滴灌随水施入的肥料需具备溶解度大、杂质含量低等特点。在肥料的三大基础元素中对于氮肥的施用，尿素以其较高的含氮量和20℃条件下105％的溶解度长期以来是适宜灌溉施肥的氮肥品种。与尿素共同施入的其他肥料均是溶解度较大的三元素固态复合肥、二元素固态复合肥和一些液态复混肥，如颗粒粉末状固态滴灌肥有磷酸钾铵型复合肥、磷酸二氢钾、滴灌专用肥（25-10-5的三元素复合肥）等，液态滴灌肥有腐殖酸高浓缩氮磷钾、沼气混液态肥，稀土腐殖酸钾等。经过走访得知，液态肥料的价格与固体废料差不多。

3.1.3　过滤技术

过滤主要的目的是防止滴灌带阻塞，防止水无法与农作物接触，河水矿化度0.68～1.4g/L，钙质、悬移质、有机质含量高，泥沙多，因此采取五级过滤，组成如下：沉淀池、拦污网、渗滤池、砂石过滤器、网式过滤器。过滤系统是滴灌装置中的重要系统。目前过滤装置基本没有问题，过滤效果好。

3.2　膜下滴灌使用要求

目前，在小农小户家庭看不到通过膜下滴灌进行灌溉，基本上是在兵团进行这种灌溉方式。因为膜下滴灌本身装置比较贵，个人负担不起，其次适合大型农作物灌溉，再次膜下滴灌要求稳定的水源。

3.3　膜下滴灌的作用

1. 节水效率高

我国传统灌溉水的利用系数平均为0.45，而发达国家水的利用系数都在0.8以上，通过膜下滴灌技术的应用，田间的农渠和毛渠被管道所代替，田间全部实现管道化，而地膜覆盖抑制强烈的棵间蒸发，降低了作物蒸腾量，因此灌溉水利用系数可以达到0.7以上，水分利用率得极大提高。

2. 降低土壤盐渍化

在新疆地区盐渍化情况比较严重，400万亩地约有100万亩土地是盐碱地，而我国人口本来就多，必须好好利用盐碱地，考虑到水资源膜下滴灌也是降低盐渍化情况的一种方法。膜下水位上升到一定高度，矿化膜下水通过土壤毛细管上升至地表，水分蒸发后将盐分留在作物耕层和地表，造成土壤积盐。"盐随水来，盐随水去"，控制和调节土壤中的水盐运动，防止膜下水位上升、降低膜下水位是改良盐渍土和防止土壤盐渍化的关键，膜下滴灌在作物生育期不仅能满足作物对水肥的需要，而且具有抑盐、脱盐和防止膜下水位上升的作用。因此，膜下滴灌为治盐改土、防止土壤次生盐渍化开辟了一个崭新的行之有效的途径。

3. 肥料利用率高

用易溶肥料施肥，可利用滴灌随水滴到作物根系土壤中，使肥料利用率大大提高。据测试，膜下滴灌可使肥料的利用率由30%～40%提高到50%～60%。

4. 投工费用低

采用膜下滴灌，由于植物行间无灌溉水分，因而杂草比全面积灌溉的土壤少，可减少除草投工。滴水灌溉，土壤不板结，可减少锄地次数。滴灌系统又不需平整土地和开沟打畦。可实行自动控制，大大降低田间灌水的劳动量和劳动强度

4 结论与展望

4.1 结论

膜下滴灌这样一个看似普通的节水技术的广泛应用，通过对农产品种植各个环节的有效成本控制，大大减少了种植作物的单位投入成本，增加了农产品价格的市场回旋空间，实际上是提高了棉农收入，从根本上说是增强了我国农产品的国际竞争力。结合上述情况分析，目前膜下滴灌无法普及有以下原因。

（1）灌溉装置价格。滴灌带是每年一次进行更换，价格便宜，然而本身的灌溉装置价格昂贵。

（2）覆膜技术。目前，使用的地膜分解效率低，虽然可降解膜是未来地膜发展的总体趋势，但可降解膜在新疆地区并没有被广泛推广，原因是目前市场上主流的地膜并不能够满足新疆地区高温高寒的环境气候，很大程度上降低了棉农使用可降解膜的积极性。此外，降解地膜价格比普通地膜高3~5元/kg，因此目前新疆地区主要仍以普膜为主。然而，在新疆地区普膜回收还不完善，大部分地膜留在大田，这对土质及生态有巨大的危害。

4.2　发展建议

针对上述结果及结论分析，结合膜下滴灌还未普及的原因，提出以下建议。

目前，地膜的危害很清楚，它分解能力低，容易引起污染，虽然现在正在研究可降解塑料，但是无法忽略成本问题。目前，厚膜也是可以解决这种污染的出现，经过走访发现，厚膜不同基本上是因为技术原因，如果以色列地区使用的塑料再结合可降解塑料研究出新的复合膜下滴灌的地膜可能解决问题。

参考文献

[1] 曾胜河,吴志勇,毕显杰,等.棉花膜下滴灌水盐运动规律研究[J].中国棉花, 2003(12):30-32.

[2] 陈剑,吕新,吴志勇,等.膜下滴灌施肥装置应用与探索[J].新疆农业科学, 2010, 47(02):312-315.

[3] 左热木·玉山.新疆棉花膜下滴管技术集成师范与推广.科研技术推广, 2018（3）.

[4] 李·巴衣尔塔.新疆棉花残秆残膜回收技术分析[J].农业工程技术,2018, 38(05):38.

[5] 刘超吉,侯书林,甄健民,等.南疆棉田残膜污染现状及防治途径[J].农业

工程, 2018, 8(03):45-51.

[6] 陈剑, 吕新, 吴志勇, 等.膜下滴灌施肥装置应用与探索[J].新疆农业科学, 2010, 47(02):312-315.

[7] 孙天佑.棉花膜下滴灌配套技术探索与应用[J].节水灌溉, 2001(02):40-41.

专业名词解释

膜下滴灌技术： 这种技术是通过可控管道系统供水，将加压的水经过过滤设施滤"清"后，和水溶性肥料充分融合，形成肥水溶液，进入输水干管-支管-毛管（铺设在地膜下方的灌溉带），再由毛管上的滴水器一滴一滴地均匀、定时、定量浸润作物根系发育区，供根系吸收。

致　谢

2018年8月，北京理工大学生态科考新疆队秉承"探索自然，服务社会，感受文化，孕育创新"的生态科考宗旨，力行"美丽中国环保科普行动"，针对胡杨林的育种建设，塔里木河流域生态，农、林业发展，瓜果种植等相关课题进行生态科考调查。"饮其流者怀其源"，在本书完成之际，谨向此次生态科考中，为生态科考队提供大力支持和帮助的当地政府和相关部门，表示我们最诚挚的问候和最衷心的感谢。

为北京理工大学生态科考新疆队提供支持和帮助的单位如下（排名不分先后）：

新疆巴音郭楞蒙古自治州水利局

塔里木河流域干流管理局

库尔勒市林业局

龙山库尔勒人工胡杨保护林区

新疆巴音郭楞蒙古自治州沙依东园艺场

阿其克塔里木河流域干流管理基站

乌斯曼塔里木河流域干流管理基站

英巴扎塔里木河流域干流管理基站

中国科学院生态与地理研究所绿洲生态与荒漠环境实验室

石河子市农林牧局

附录1 / **生态科考图册**

图1　科考队员在香梨种植园实测土壤pH值

图2　科考队员在龙山人工胡杨林区采集胡杨叶片

生态科考图册

附录1

• 193 •

图3　科考队员在
库尔勒沙依东灌溉渠
取水样

图4　科考队员在
胡杨林区取土样

图5　塔克拉玛干
大沙漠边界（一）

图6 塔克拉玛
干大沙漠边界（二）

图7 塔里木河
中、上游胡杨林

图8 塔里木河乌
斯曼管理站附近水域

图9　新疆生产建设兵团第八师葡萄种植基地

图10　夜幕下的乌鲁木齐

图11　科考队员与巴州水利局同志座谈

图12　赴新疆生态科考队队员合影

附录2／获奖证书

王迪等11人赴新疆社会实践

在北京理工大学2018年学生暑期社会实践工作中被评为

社会实践品牌团队

校团委　　　　教务部　　　校友会工作办公室　　党委学生工作部

二〇一八年十一月

王迪等11人赴新疆社会实践

在北京理工大学2018年学生暑期社会实践工作中被评为

社会实践优秀调研报告

校团委　　　　教务部　　　校友会工作办公室　　党委学生工作部

二〇一八年十一月

青年服务国家
Youth Serve China

在2018年首都大中专学生暑期社会实践工作中表现突出、成绩显著、被评为"2018年度首都大中专学生暑期社会实践百强团队一等奖"。

团队：北京理工大学生态科考新疆队

队员：王迪 王可欣 李冰 马小岚 何为 汪涵泽 郝昌旦 阿曼妮丽 董薪宇 张硕文 车伟清

共青团
北京市委员会
北京市委员会

中共北京市委
宣传部

中共北京市委
教育工作委员会

首都精神文明建设
委员办公室

北京市
教育委员会

北京市
学生联合会

二○一八年十一月